MÉTROLOGIE TERRESTRE,

OU

TABLES DES NOUVEAUX POIDS,

MESURES ET MONNOIES DE FRANCE;

Les rapports qu'ils ont avec les Poids, Mesures & Monnoies les plus connus de l'Europe, & ceux-ci réciproquement comparés avec eux & avec ceux de Paris ; les dimensions & autres renseignements sur la fabrication & le commerce des nouveaux Poids & Mesures de la République Française ; les changes des principales Places de l'Europe & l'Arithmétique linéaire, avec un Tableau ou Echelle graphique, & l'exposition des moyens qui en facilitent la pratique.

Par LOUIS-E. POUCHET,

MEMBRE DU CONSEIL DES ARTS ET MANUFACTURES.

NOUVELLE ÉDITION,

Considérablement augmentée, sur-tout quant aux principes du Calcul décimal, comparé au Calcul ordinaire, & terminée par l'annonce des principales Foires de l'Europe.

A ROUEN,

De l'Imprimerie de Vt. GUILBERT & HERMENT, rue Nationale, emplacement des Cordeliers.

An Ve de la République Française. (M. DCC. XCVII, v. st.)

DISCOURS
PRÉLIMINAIRE.

L'Agriculture & les Arts font les premieres bafes de la profpérité publique , mais le Commerce ne contribue pas moins au bonheur des hommes : c'eft à fes progrès que font dûes l'abondance & la civilifation des peuples. Il n'offrit que peu de reffources dans fon enfance ; il fe réduifit à quelques échanges en nature entre voifins. Les premiers poids & mefures furent la charge, la braffe, la coudée, &c. Ils eurent alors tous les inconvénients de l'incertitude & de l'arbitraire ; mais leur perfection s'avançant avec l'efprit de calcul, amena des réfultats étendus & généraux , que faifirent avec empreffement les peuples chez lefquels le befoin de la communication s'étoit déjà fait fentir.

L'invention des monnoies, qui ne furent dans le principe que des métaux bruts, que l'on donnoit par poids , & non par compte, pour la valeur de chaque chofe , fut ce que l'on pouvoit imaginer de mieux pour faciliter le Commerce ; car tel qui avoit befoin d'un objet quelconque, n'avoit pas toujours ce qui manquoit à celui qui, en échange, pouvoit le lui céder.

Les Mefures , auffi-bien que les Lois, furent chez les anciens un objet de la vénération des peuples. Si les Juifs adoroient l'arche qui renfermoit leurs lois, des Nations célebres dépoferent leurs mefures dans les temples, & en confierent la garde à leurs Pontifes (*a*). Ce sujet n'est pas traité avec moins de grandeur en France , car il est décreté que le mètre

---

(*a*) Paucton , qui a fait les plus savantes recherches sur les Poids & Mesures de l'antiquité , dit , dans son Introduction à la Métrologie , page 8 & suivantes :

» Les étalons des Mesures ont toujours été gardés avec une vigi- » lance attentive. Les Hébreux les déposoient dans leur Temple ; d'où » viennent ces mots , si fréquents dans l'Ecriture : *mesure du sanc-* » *tuaire , poids du sanctuaire.* Les Athéniens établirent une com- » pagnie de quinze Officiers , appellés *Conservateurs des Mesures,* » qui avoient la garde des Mesures originales & l'inspection de l'éta- » lonnage. Les anciens Romains les gardoient dans le Temple de Jupi- » ter au Capitole , comme un dépôt sacré & inviolable ; c'est pourquoi » la mesure originale étoit nommée *Capitolina* , Capitoline. Les Empe- » reurs chrétiens en confierent ensuite la garde aux Gouverneurs ou » aux premiers Magistrats des Provinces. Honorius chargea le Préfet du » Prétoire de l'étalon des Mesures , & confia celui des Poids au Ma- » gistrat appellé *Comes sacrarum largitionum* , qui étoit alors ce qu'est » aujourd'hui , chez nous , le Contrôleur-général des Finances. Justinien » rétablit l'usage de conserver les étalons dans les lieux saints ; il or- » donna que l'on vérifieroit toutes les Mesures & tous les Poids , & que » les originaux en seroient gardés dans la principale Eglise de Constan- » tinople ; il en envoya de semblables à Rome , & les adressa au Sénat , » comme un dépôt digne de son attention. La Novelle 118 , dit aussi que » l'on gardoit dans chaque Eglise de ces étalons ; les uns étoient de » cuivre ou d'airain , les autres de pierre. «

» En France , les étalons étoient autrefois gardés dans le Palais » de nos Rois , comme nous l'apprenons par un titre daté de la vingtieme » année du regne de Dagobert pour l'Abbaye de S. Denis , dans lequel » on lit que ceux qui contreviendront à ce qui est porté par ce titre , » seront condamnés à dix livres d'or très-pur & à dix livres d'argent » fin , *ad pensum palatii* ; ce qui fait assez connoître que dans ce » temps-là , c'est-à-dire , vers l'an 650 , l'on gardoit dans le Palais du » Roi , l'original des Poids & Mesures du royaume. Un autre titre » de Louis le Débonnaire , daté de la cinquieme année de son Empire , » qui étoit l'an 819 , contient la même formule d'amende , & nous » apprend la même chose concernant les étalons. Il y a une peine ordon- » née contre les infracteurs de ce titre , de dix livres d'or très-pur & de » vingt livres d'argent fin : *Ad pondus Palatii nostri.* «

» Charles le Chauve renouvella , en 864 , le réglement pour les éta- » lons , & ordonna que toutes les autres villes & autres lieux de sa do- » mination , rendroient leurs Poids & Mesures conformes aux étalons » royaux qui étoient dans son Palais , & enjoignit aux Comtes & autres prototype, qui fait la bafe du nouveau fyftême, fera dépofé dansun monument qui atteftera aux âges futurs que les Français pouvoient prétendre à toute forte de gloire.

» Magiftrats des Provinces d'y tenir la main, ce qui fait juger qu'ils » étoient auffi dépofitaires d'étalons conformes aux étalons originaux » que l'on conſervoit dans le Palais du Roi ; on en conſervoit auffi » des copies exactes dans quelques Monafteres & autres lieux publics. «

Voilà des preuves bien authentiques non-feulement du reſpect des Anciens pour les Meſures, mais encore de l'attention qu'eurent les Souverains d'en ordonner & maintenir l'uniformité, chacun dans toute l'étendue de leur domination. De grandes régions même, contenant pluſieurs Etats, avoient des Meſures qui leur étoient communes. Le même Auteur nous apprend que ce fut ſur la fin du regne de Charlemagne, & encore plus ſous celui de Charles le Chauve, ſon petit-fils, que cette uniformité commença à s'altérer en France, & que ce changement arriva, ſelon toutes les apparences, à l'occaſion des ſens & des autres droits ſeigneuriaux qui prirent naiſſance environ dans ce temps-là, par les inféodations de quelques Provinces du royaume, à titre de ſeigneurie particuliere.

La tradition de cette ville nous apprend que les étalons des Meſures de Rouen furent autrefois dans l'Egliſe des Templiers, & depuis dans celle de S. Vincent, & enfermées dans une maçonnerie, au-deſſus de laquelle étoit une inſcription qui datoit du regne de François 1er ; que ces Meſures furent volées, il y a 60 à 80 ans, à l'exception de la plus grande, qui étoit une meſure de capacité en bronze ; que celleci fut à ſon tour enlevée ſous le régime de la terreur : le monument eſt démoli & l'inſcription effacée. J'ai deſiré connoître cette Meſure, mais j'ai en vain interrogé les Commiſſaires de la Municipalité, que l'on m'a dit avoir procédé à cet enlevement ; l'infidélité de leur mémoire ne leur a permis de me donner aucuns renſeignemens.

Tels qu'aient été le reſpect des Anciens pour les étalons & l'uniformité des Meſures, aucun peuple n'a été en poſſeſſion d'un ſyftême qui approchât de la beauté & des avantages du nôtre. Ce n'eſt pas qu'ils n'y aient mis beaucoup d'appareil & qu'ils n'aient peut-être, pour en conſacrer l'immutabilité & l'authenticité, dépenſé plus que nous.

La diverſité des opinions ſur la deſtination des pyramides d'Egypte, ne pourroit-elle pas porter à croire qu'elles ſont les étalons des meſures de cette nation célebre, qui les auroit fait conſtruire avec cette ſolidité, afin de les préſerver des altérations qu'ils auroient pu éprouver par les révolutions des tems ? On ſait que le côté de la baſe de la grande pyramide eſt d'un ſtade. L'Egypte, qui fut le berceau des Sciences, principalement de la Géométrie, & dont les autres nations empruntoient les Meſures, a bien pu faire cette dépenſe, afin de les tranſmettre dans toute leur intégrité aux générations futures.

Un système métrique , qui , par sa perfection, convient également à tous les habitans de la terre, est sans contredit le plus beau présent qui puisse être fait à l'Europe policée ; & celui que la France offre à toutes les Nations , lui assure des droits à leur reconnoissance.

A ne comparer que la nomenclature des mesures nouvelles avec celle des mesures anciennes , qui est-ce qui n'est· pas frappé des avantages de celle-là ? L'on voit d'un côté une nomenclature courte sur une base unique, qui porte l'ensemble d'un beau système dans ses progressions, depuis les plus petites mesures jusqu'aux plus grandes. Tel est cet ensemble, que les longueurs, les superficies , les capacités & les pesanteurs sont si exactement liées entr'elles , qu'elles se trouvent garanties l'une par l'autre ; qu'aucune spéculation frauduleuse, qu'aucune innovation inconsidérée, ni même aucun changement dans sa composition, ne sont à craindre , puisque la grandeur de la terre qui a fourni cette base , ne peut varier.

D'un autre côté, en parlant seulement de la France, l'on trouve une infinité de mesures, dont la barbare dénomination est si longue, que la vie d'un homme ne suffiroit pas pour en être complettement instruit; l'on verra des voisins qui ne connoissent pas leurs mesures respectives ; l'on trouvera dix mesures differentes dans le même marché, & la confusion qui résulte de cette multiplicité , sera encore augmentée par des usages différents sur la maniere de s'en servir , suivant le genre de marchandise que l'on mesure ; sur telle étoffe, par exemple, l'on donne une demi-aune par piece ; sur telle autre, 25 pour 20. Le boisseau pour l'avoine est plus grand que celui pour le bled ; l'un est mesuré ras, l'autre est mesuré comble : l'on ne trouve point de rapports bien suivis (ainsi qu'ils doivent être) entre les longueurs, les superficies , les capacités , les poids

& les monnoies ; aucuns rapports bien fuivis des petites mefures aux grandes ; point de conformité dans la compofition
de tous ces divers fyftêmes , avec l'ordre de notre numération. Il eft aifé de voir par cette comparaifon tout l'avantage
du nouveau fyftême fur l'ancien.

Pourrions-nous aujourd'hui être indifférents fur l'uniformité
des mefures qui eft demandée depuis plufieurs fiecles ! Pourrions-nous, au plus beau fyftême qui nous eft offert, préfé-
rer notre fyftême actuel , qui eft le plus compliqué & le plus
défectueux de l'Europe , lorfque des Nations auxquelles nous
aurions pu donner l'exemple , nous ont devancés dans les
réformes que l'on veut faire ?

Les monnoies à Rome , à Venife , à Naples , à Pétersbourg,
& les poids dans plufieurs contrées du Nord , font fubordonnés
aux parties décimales. L'uniformité des poids & mefures eft à
peu près établie en Ruffie , en Danemark , en Angleterre , &
en beaucoup d'autres pays. En Efpagne il y a peu d'exceptions
au fyftême que je donne à l'article de Madrid : il a , comme
le nôtre , pour bafe , une mefure linéaire , déduite de la grandeur de la terre. Cette bafe eft la vare , appellée caftillane ,
ou burgaleze , du nom de la ville de Burgos , où on la garde.
Sa longueur eft d'un douze-millionnieme du quart du méridien
terreftre. Le cube d'une partie de cette longueur , forme auffi
l'étalon des mefures de capacité , & la pefanteur d'un liquide
de cette capacité , donne l'unité du poids national , qui eft la
livre. Notre nouveau fyftême eft en quelque forte un per-
fectionnement de celui-ci , qui jufqu'alors étoit le plus beau
de ceux qui nous font connus.

L'introduction des nouvelles mefures contribuera à la profpérité du commerce : le philofophe voit en elle de plus grands
avantages ; elle influera auffi fur la morale ; en défignant avec

précision les quantités, elle instruira chacun de la valeur des chofes dont il a befoin. Le nouveau fyftême, en ôtant les moyens de tromper, dirigera le commerce vers cet efprit de loyauté dont il a befoin, & dont les marchands ne s'écartent que par de fauffes fpéculations, en facrifiant l'avenir au préfent. La grande majorité de la nation defire ardemment l'uniformité des mefures ; je fais cependant que beaucoup de monde veut le maintien de l'état actuel ; mais ne feroit-ce point auffi ceux qui aiment mieux le rifque d'être trompés, que de renoncer eux-mêmes à tromper ? On veut, difent-ils, les renvoyer à l'école : que n'y ont-ils donc été d'abord, on leur auroit inculqué de bons principes ! Ce n'eft point l'étude qu'ils appréhendent, c'eft la fcience des autres qu'ils redoutent ; c'eft la lumiere en un mot.

Les partifans de l'erreur reprochent au nouveau fyftême le tort qu'il fera à un grand nombre d'individus qui vivent à leur aife d'un très-petit commerce, par l'ignorance dans laquelle eft toujours l'acheteur, de la valeur des chofes qui ne font pas du reffort de la dépenfe journaliere. Voilà l'effet d'un fyftême étrange qui malheureufement a trop de partifans, & d'une doctrine qui mene à tous les malheurs qui peuvent accabler une nation. Malheur au commerçant qui ne fonde fon efpoir que fur l'inexpérience de ceux avec qui il traite ! Il ne peut avoir qu'une exiftence précaire, qui tôt ou tard peut le renverfer. L'on ne craint pas d'affirmer qu'il faut laiffer le commerce dans les ténébres pour l'intérêt de ceux qui le font ; on dit auffi qu'il faut compliquer les travaux, afin d'occuper plus de monde ; cependant les travaux mal dirigés ne peuvent foutenir la concurrence, ni payer les ouvriers, & la mifere alors force le peuple découragé à déferter les atéliers, pour fe liver à la mendicité. L'oifiveté & le vagabondage menent à tous les crimes ; & fi de tels principes étoient généralement adoptés , la majorité de la nation feroit bientôt compofée de mendïans & d'intrigans , de voleurs & autres fcélérats.

Dans une fociété bien organifée, au contraire, les talents fe réuniffent pour former un faifceau de lumieres, à la clarté duquel tous fes membres travaillent , & ils travaillent utilement, non-feulement chacun pour foi , mais pour le bien général ; car la richeffe & l'aifance d'une nation fe compofent auffi-bien de l'abondance de fes produits induftriels, que de fes produits territoriaux.

L'acceuil favorable que les deux premieres éditions de cet ouvrage ont reçu de la Commiffion, de l'Agence, & enfuite du Confeil des Poids & Mefures ; l'approbation du Bureau de confultation des Arts & Métiers, & fur-tout l'article XIX de la Loi du 18 Germinal de l'an troifieme, qui ordonne qu'il fera fait des Echelles graphiques pour établir fans calculs les rapports des nouveaux poids & mefures avec les anciens, m'ont engagé à continuer mon travail, que j'ai confidérablement augmenté.

Je me fuis livré avec d'autant plus de confiance à cette troifieme édition, que j'ai trouvé le moyen de compofer une table nniverfelle pour tous les fujets : j'évite par-là une grande dépenfe, & je donne en même-temps beaucoup plus d'extenfion à cette inftruction. J'ai même trouvé le moyen de me paffer du compas qui me fervoit à calculer ; enforte que toutes les combinaifons poffibles font offertes fur ma table , à la fimple lecture , comme dans un livre. Je donne plus d'extenfion à mes explications fur le calcul & les parties décimales.

La néceffité dans laquelle fe trouvent ceux qui font des trai-

tés sur la Métrologie , de copier les uns des autres , les expo-
sent à des erreurs inévitables. Je me suis principalement conformé au Traité du citoyen Paucton (*a*) , par le rapproche-
ment que j'en ai fait avec les plus connus , comparativement
avec des mesures effectives que j'ai reçues de divers pays
étrangers ; je me suis convaincu que c'est à juste titre qu'on
lui donne la préférence. Si je m'en suis écarté , ce n'a été que
pour me conformer aux mesures dont je parle , & dont le
public a l'obligation de la connoissance exacte à l'Agence,
dont je ne suis que le commissionnaire. C'est donc aussi une
obligation que je lui ai de m'avoir fourni ce moyen de perfectionner mon ouvrage ; ce n'est point la seule , car dans les
dispositions majeures, ces citoyens ont bien voulu me four-
nir des matériaux , & m'aider de leurs conseils & de leurs lumieres. Pénétré de reconnoissance à leur égard, mon but prin-
cipal est de seconder le Conseil , en démontrant les avantages
du nouveau système sur l'ancien, d'en faciliter l'introduction
par le tableau des tapports qu'ils ont entr'eux, & par les
principes que je donne sur la fabrication & sur le commerce
des nouvelles mesures *b*).

(*a*) J'ai aussi consulté les évaluations des monnoies , par le citoyen
Ruelle.

(*b*) Quoique la longueur exacte du méridien terrestre , qui est la base
du nouveau système, ne soit pas encore connue, je n'ai pas cru pour
cela devoir retarder cette Edition. Le Conseil des Poids & Mesures,
auquel je me suis fait un devoir d'en référer , m'a écrit que la plus grande
précision que l'on pourroit obtenir , par les travaux ultérieurs sur la longueur du quart du cercle, ne pouvoit avoir des résultats qui influassent
sur le physique des Mesures, & que, par cette raison, il continuoit ses
travaux avec la même activité.

MÉTROLOGIE
TERRESTRE.

CHAPITRE PREMIER.

Des Parties Décimales.

LES párties décimales font ainſi appellées de l'adoption du nombre
10 pour la diviſion & fubdiviſion de l'unité, de préférence & excluſi-
vement à toutes les autres diviſions, par tiers, par quarts, &c. dont
on s'eſt ſervi juſqu'à préſent.

La ſcience de la numération, qui eſt parvenue des Arabes juſqu'à
nous, eſt ſans contredit une des plus belles inventions de l'eſprit humain.
Rien de plus ingénieux ſans doute que de donner à chaque chiffre une
valeur relative à la place qu'il occupe par rapport à l'unité : hé bien,
l'on adopte aujourd'hui ce ſyſtême ingénieux pour la diviſion de l'unité,
comme il a ſervi juſqu'à préſent pour ſa multiplication.

L'on ſait que pour nombrer l'unité, il faut appeller chaque chiffre
par le nom de la valeur que lui donne le rang qu'il occupe : ainſi on
dit *nombre* ou *unité* ſur l'unité ; *dixaine* ſur le chiffre qui vient immédiatement après l'unité, en allant de droite à gauche ; *centaine* ſur celui
qui vient enſuite, &c. Pour la diviſion de l'unité, l'on dira ſur le premier chiffre qui la ſuit, en allant de gauche à droite, *dixieme* ; ſur le
ſecond, *centieme*, ainſi de ſuite.

Cette adoption des parties décimales, range toutes les fractions dans
l'ordre des unités pour la numération, c'eſt-à-dire, qu'elles peuvent
être de même multipliées & diviſées par la tranſpoſition du ſigne
indicatif de l'unité. Ce ſigne multiplie tous les nombres & fractions

par 10, pour chaque chiffre qu'il franchit de gauche à droite, & il les divise dans la même proportion pour chaque chiffre qu'il franchit de droite à gauche (*a*).

EXEMPLES.

Le produit de   0,75, multiplié par   10, est   7,5
Id., ...   12,7 . . . . . . par   100   1270
Id. . . . . 48,6879 . . . . . par 1000. . . 48687,9
Le quotient de   47,35   . . divisé par   10 4,735
Id. . . . .   0,7 . . . . par   100 0,007

La multiplication décimale des entiers s'opere comme par le calcul ordinaire.

Le calcul décimal se rapporte précisément aux premiers élémens de l'Arithmétique ; les savans ne doivent cependant pas le dédaigner, puisqu'il leur facilite les moyens de résoudre les problêmes les plus compliqués.

Comme mon ouvrage est absolument lié aux parties décimales, je vais entrer dans quelques détails sur la différence qu'il y a de ce nouveau calcul à l'ancien, pour les quatre premieres regles, ce qui expliquera tout ce qu'il faut savoir pour le posséder entierement ; puisque dans celui-ci, comme dans l'autre, toute l'Arithmétique est composée de ces quatre regles.

Comme je n'ai pas la prétention de donner des principes élémentaires, je déclare que je n'écris ce Chapitre que pour ceux qui savent l'Arithmétique ordinaire : il convient cependant de définir les ter-

---

(*a*) Lorsque la virgule arrive au dernier chiffre sur la droite, elle devient inutile ; & s'il y a encore lieu à multiplier ce nombre, qui est devenu incomplexe, il faut ajouter un zéro pour 10, deux zéros pour 100, ainsi de suite. Lorsque la virgule étant portée à gauche, se trouve précéder immédiatement le premier chiffre d'un nombre quelconque, il faut placer à la gauche de cette virgule le zéro négatif de l'unité. Si l'on vouloit encore diviser ce résultat par 10, on porteroit la virgule en avant de ce zéro, & on en poseroit un second en avant de la virgule, ainsi de suite. Voilà la preuve que la Division est toujours l'inverse de la Multiplication.

mes d'unité, de nombres & de fractions, qui font les principaux élémens de cette fcience.

L'unité eft la chofe entiere, à laquelle fe rapportent toutes les expreffions relatives aux quantités.

Le nombre eft l'extenfion de l'unité, c'eft-à-dire, tout & autant qu'il faut qu'il foit pour exprimer une quantité quelconque.

Toutes les fractions foit décimales ou non décimales, font des parties de l'unité, qui s'expriment par deux termes; favoir, le numérateur, qui marque le nombre des parties dont la fraction eft compofée, & le dénominateur, qui défigne le nombre par lequel l'unité eft divifée. L'on pofe le numérateur fur le dénominateur, & on les fépare avec un trait, qui, en terme de Mathématique, fignifie *divifé par*. Ainfi, pour exprimer un demi ou une demie, il faut écrire $\frac{1}{2}$; cela veut dire une partie de l'unité divifée en deux parties. Pour trois quarts, il faut écrire $\frac{3}{4}$; cela veut dire trois parties de l'unité qui a été divifée en quatre, ou, ce qui revient au même, trois fois la quatrieme partie de l'unité.

Dans les fractions décimales, l'on n'écrit point le dénominateur; la raifon en eft qu'il eft fous-entendu par le numérateur : il eft toujours compofé du chiffre 1, fuivi d'autant de zéros qu'il fe trouve de chiffres au numérateur. Et fi l'on a la fraction 0,3 (*a*), c'eft comme s'il y avoit $\frac{3}{10}$, c'eft-à-dire, trois dixiemes. S'il y a 0,75, c'eft comme s'il y avoit $\frac{75}{100}$, ce qui fait foixante-quinze centiemes.

Il arrive quelquefois qu'un produit donne un ou même plufieurs zéros pour terminer le numérateur d'une fraction; la même chofe arrive fouvent dans la compofition des tables, pour former tous les numérateurs du même nombre de chiffres; mais l'on doit, à tous les numérateurs des fractions, négliger tous les zéros qui ne laiffent aucun autre chiffre après eux, en allant de gauche à droite, parce qu'un principe effentiel de la numération, eft de la rapprocher autant qu'il eft poffible de l'unité : pour 4,70 mètres, par exemple, l'on dira donc

---

(*a*) Il eft bien entendu que le zéro qui fe trouve comme négatif de l'unité, ne doit point être compté ; les feuls chiffres après la virgule compofent la fraction.

4 mètres 7 décimètres , au lieu de 4 mètres 70 centimètres ; pour 0,900000 , l'on dira neuf dixiemes , & non pas neuf cens mille millioniemes.

Il faut confidérer la virgule comme le figne indicatif des chofes qui font repréfentées par les nombres ; & en franchiffant la fraction, il faut les nommer à l'endroit où fe trouve cette virgule. Ainfi , pour 7,5 mè-tres , par exemple , on dira 7 mètres 5 décimètres , ou 7 mètres 5 dixiemes. Il y a des Mathématiciens qui enfeignent qu'il faut tou-jours réduire un nombre complexe fous un même numérateur, & que, dans ce cas, il faudroit dire 75 décimètres. Mais cette méthode a des inconvéniens. S'il falloit, par exemple , exprimer 27,34 mètres , il faudroit donc dire 2734 centimètres ; ce nombre très-élevé, combiné avec des fractions très-petites , ne préfenteroit pas une idée facile à faifir. Ainfi, j'eftime que dans ce dernier cas, il faudroit dire 27 mètres 34 centimètres , ou 27 mètres 34 centiemes. L'on feroit encore mieux entendu de beaucoup de monde , en difant 27 mètres 3 dixiemes & 4 centiemes , comme l'on dit une aune & demie & un feizieme, parce que les grandes fractions font toujours plus familieres que les petites.

Il y a des unités qui, au lieu de fe divifer en fractions , fe divi-fent en d'autres unités. Telles font le pied, la livre, &c. ; & au lieu d'écrire 3 pieds ½ , par exemple, l'on écrit 3 pieds 6 pouces , parce que le pied eft compofé de 12 pouces , & que la moitié de 12 eft 6. Cette unité fecondaire fe divife encore & fe fubdivife en d'autres unités : Il en eft de même à l'égard de la livre pefant, &c.

Les fractions font communément féparées des nombres par le nom ou le figne caractériftique de la chofe, dont elles font partie ; c'eft-à-dire, par exemple, que pour exprimer quarante-fept aunes & demie, il faut écrire 47 aunes ½. Mais quant aux parties décimales , tout le monde n'eft pas d'accord fur ce point : car, pour écrire quarante-fept mètres & cinq décimètres , les uns écrivent 47,5 mètres , & les autres 47 mètres 5. Je préfere la premiere de ces deux méthodes, à caufe de l'in-convénient qui réfulteroit de la feconde dans la pofition des chiffres pour l'Arithmétique. L'on peut voir , par exemple , ci-après, à l'ar-ticle de la Multiplication, que pour effectuer cette regle , il faut pofer le dernier chiffre du multiplicateur fous le dernier chiffre du multiplicande , fans aucun égard aux proportions qui fe trouvent entre les deux facteurs , ni à celles qu'il y a entre les fractions & les nombres. Si j'ai à faire le produit de 47,5 mètres , à 5,28 francs , fuivant la premiere méthode , ma regle fe trouve pofée ainfi :

47,5 mètres ,
à 5,18 francs.

En fuivant la feconde méthode , elle fe trouveroit pofée ainfi :

47 mètres 5
à 5 francs 18

Il n'y a point de calculateur qui ne fe décide en faveur du premier de ces deux procédés.

Pour ne pas trop charger mes explications , je ne prolongerai point mes fractions au-delà de trois chiffres ; lorfqu'il y aura un reftant de moitié ou plus , j'ajouterai un au dernier , & lorfqu'il n'y aura pas un demi , je négligerai ce reftant. Si , par exemple , je divife 36 par 27 , le quotient donne 1,333 & 9 de refte , je pofe feulement 1,333 ; mais fi je divife 36 par 26 , le quotient donne 1,384 , refte 16 ; je pofe 1,385. S'il étoit queftion cependant de faire la preuve de cette regle , par la multiplication , il faudroit opérer comme par le calcul ordinaire.

De l'Addition.

Les chiffres , de même que dans le calcul ordinaire , doivent être pofés verticalement l'un fur l'autre , fuivant le rang qu'ils tiennent dans l'ordre de la numération ; c'eft-à-dire , les unités fur les unités , les dixiemes fur les dixiemes , les centiemes fur les centiemes , &c.

EXEMPLE.

43,625
129,059
48,833
———————
221,517

De la Soustraction.

Même ordre que pour l'Addition , dans la position des chiffres.

EXEMPLE.

174,27
26,496

147,774

De la Multiplication.

Le dernier chiffre du multiplicateur doit , sans égard à sa valeur, être placé sous le dernier chiffre du multiplicande ; l'avant-dernier sous l'avant-dernier , ainsi des autres , & au produit il faut en séparer par la virgule , en allant de droite à gauche , autant qu'elle en sépare au multiplicande & au multiplicateur.

EXEMPLE.

47,384 livres ,
à   5,75 francs la livre.

236920
331688
236920

272,45800 francs.

De la Division.

L'on pose sur une ligne horisontale le diviseur , à la suite du dividende ; il ne faut pas les placer trop près l'un de l'autre , parce que, dans le cours de l'opération, le dividende se confondroit avec le quotient. A chaque chiffre du quotient pour lequel on a opéré , il faut, comme dans le calcul ordinaire, en descendre un du dividende.

A mesure que l'on opere , il faut descendre verticalement la virgule, afin que , toujours présente au dividende , elle avertisse que , lorsqu'étant plus petit que le diviſeur , il faut poſer au quotient celle qui ſéparè les entiers des fractions.

Il n'y a plus que des fractions à eſpérer d'un dividende qui ſe trouve réduit au-deſſous de ſon diviſeur ; la maniere dont on opére dans le calcul ordinaire , enſeigne celle que l'on doit ſuivre dans le calcul décimal. Si l'on veut réduire en onces le reſtant d'un dividende de livres , l'on ſait qu'il faut le multiplier par 16 , parce que la livre eſt compoſée de 16 onces, qu'il faut en diviſer le produit par le même diviſeur qui a ſervi pour diviſer les livres , que le reſtant des onces ſe multipliera par 8 pour en faire des gros , parce que l'once eſt compoſée de 8 gros , & qu'il faut encore en diviſer le produit par le même diviſeur , ainſi de ſuite. Il faut toujours multiplier le dividende ou ſon reſtant, s'il eſt plus petit que le diviſeur, par le dénominateur des fractions par leſquelles on veut le rendre. Pour avoir des dixiemes ou décimales, il faut donc le multiplier par 10 ; ce qui ſe fait ainſi que je l'ai expliqué , en poſant un zéro à la droite , un autre zéro pour réduire les dixiemes en centiemes , ainſi de ſuite.

E X E M P L E.

$$\begin{array}{ll} 272,458 & \left\{ \begin{array}{l} 5,75 \\ 47,384 \end{array} \right. \\ 42,45 & \\ 2,208 & \\ 4830 & \\ 2300 & \\ \hline 000 & \end{array}$$

Lorſque l'on fera bien ces quatre regles, on ſaura tout ce qu'il faut ſavoir pour opérer ſuivant le calcul décimal. Il eſt cependant des procédés plus compliqués pour le paſſage du calcul ordinaire à cette nouvelle méthode ; mais, par cette raiſon qu'ils ne ſont que de circonſtance, je ne les conſidére point comme indiſpenſables à ſavoir ; je vais cependant les expliquer , ne fût-ce que pour démontrer les avantages du nouveau ſyſtéme ſur l'ancien.

Réduction des fractions ordinaires en fractions décimales.

Pour réduire une fraction ordinaire en fraction décimale , il faut diviſer ſon numérateur par ſon dénominateur.

Comme le numérateur eſt toujours plus petit que le dénominateur, le dividende eſt toujours plus petit que le diviſeur, il faut donc commencer par poſer au quotient le zéro ſuivi de la virgule, qui eſt le ſigne négatif de l'entier ; & pour compenſation, il faut ajouter un zéro au dividende : ſi, dans ce cas, le dividende étoit encore plus petit que le diviſeur, il faudroit encore poſer un zéro au quotient & un au dividende, ainſi de ſuite.

Soit, par exemple, à réduire en décimales les fractions des trois nombres additionnés ci-deſſous & celle de leur produit.

$$
\begin{array}{ll}
43\ \tfrac{5}{8} & \\
129\ \tfrac{1}{17} & \\
48\ \tfrac{5}{6} & \\
\hline
221\ \tfrac{215}{408} &
\end{array}
\qquad
\begin{array}{l}
5.0 \\
\;20 \\
\;\;40 \\
\hline
\;\;\;0
\end{array}
\left\{ \begin{array}{l} \dfrac{8}{} \\ 0{,}625 \end{array} \right.
$$

$$
\begin{array}{l}
1.00 \\
\;150 \\
\;\;14 \\
\hline
\end{array}
\left\{ \begin{array}{l} \dfrac{17}{} \\ 0{,}05\overline{8} \end{array} \right.
$$

$$
\begin{array}{l}
5.0 \\
\;20 \\
\;\;20 \\
\hline
\;\;2
\end{array}
\left\{ \begin{array}{l} \dfrac{6}{} \\ 0{,}833 \end{array} \right.
$$

$$
\begin{array}{l}
211.0 \\
7{,}00 \\
2{,}920 \\
\hline
\;\;64
\end{array}
\left\{ \begin{array}{l} \dfrac{408}{} \\ 0{,}517 \end{array} \right.
$$

Si l'on joint ces quatre quotiens chacun au nombre auquel appartenoit la fraction qui l'a fourni, & que l'on tire un trait entre la troiſieme & la quatrieme ligne, l'on aura la preuve de l'Addition ci-deſſus, & en même-temps la répétition de la premiere, qui a été donnée, page 5.

Faiſons maintenant, pour la Multiplication, ce que nous avons fait pour l'Addition , en comparant le nouveau fyftême à l'ancien.

EXEMPLE.

47 liv. 6 onces 1 gros 11 grains.
à   5 ℔ 15 ∫ la livre.

235 ℔			pour 5 livres
23	10 ∫		pour 10 fols.
11	15		pour 5 fols.
1	8	9 ♏	pour 4 onces.
	14	4	$\frac{1}{2}$ pour 2 onces.
		10	$\frac{25}{32}$ pour 1 gros.
		0	$\frac{345}{384}$ pour 6 grains.
		0	$\frac{345}{768}$ pour 3 grains.
		0	$\frac{115}{384}$ pour 2 grains.

272 ℔ 9 ∫ 1 ♏ $\frac{713}{768}$

Pour faire la preuve de cette règle , comme j'ai fait celle de l'Addition , il faut réduire en décimales les deux facteurs & leur produit.

Pour réduire en décimales plufieurs fractions différentes , qui fe trouvent à la fuite l'une de l'autre dans le même facteur , il faut commencer par la dernière , & en joindre le produit à celle qui la précede , & ainfi de fuite.

EXEMPLES.

Réduction des fractions du multiplicande en décimales.

11.0 $\begin{cases} 72 \\ 0{,}152 \end{cases}$
380
200
—
56

1.153 $\begin{cases} 8 \\ 0{,}144 \end{cases}$
35
33
—
1

6.144 $\begin{cases} 16 \\ 0{,}384 \end{cases}$
134
64
—
0

Cette derniere fraction, qui eſt celle de la livre, comprend toutes celles du multiplicande.

Réduction de la fraction du multiplicateur.

$$
\begin{array}{r|l}
15.0 & 20 \\
100 & \overline{0,75} \\
\hline
00 &
\end{array}
$$

Réduction des fractions du produit.

$$
\begin{array}{r|l}
713.0 & 768 \\
2180 & \overline{0,928} \\
6440 & \\
\hline
296 &
\end{array}
$$

$$
\begin{array}{r|l}
1.928 & 12 \\
72 & \overline{0,16} \\
\hline
08 &
\end{array}
$$

$$
\begin{array}{r|l}
9.16 & 20 \\
116 & \overline{0,458} \\
160 & \\
\hline
00 &
\end{array}
$$

Récapitulation du produit des fractions ordinaires, réduites en fractions décimales, & chacune ajoutée à ſon nombre.

Multiplicande. . . . . .47,384 livres.
Multiplicateur. . . . . 5,75 francs.
Produit. . . . . , ... 272,458 francs.

Ce réſultat, comparé avec la multiplication de la page précédente & celle de la page 6, eſt la preuve des deux.

Si l'on compare ces deux Multiplications, ainſi que les deux Additions faites auſſi par des procédés différents, l'on ne pourra diſconvenir de l'avantage réel du ſyſtême, qui eſt l'objet de mon travail.

CHAPITRE II.

Notions sur les Mesures en général.

LES Mesures sont de trois genres différents ; savoir :

Les Mesures de longueur ;

Les Mesures de superficie ;

Et les Mesures de capacité.

Le Toisage & la Jauge se composent de ces trois différentes Mesures.

Le poids doit être aussi considéré comme une mesure propre à mesurer des objets de nature à présenter des difficultés par les autres procédés : ce mode passe même pour le plus juste.

Il y a encore une autre maniere d'exprimer les quantités , c'est une combinaison du poids avec la mesure , & je l'appellerai mesurage mixte.

Chaque monnoie en particulier peut être considérée comme une mesure universelle de la valeur de toute chose (a).

(a) Outre la diversité des Poids & Mesures actuels , il y a beaucoup d'usages locaux qui apportent encore des modifications à cette diversité , & qui font consacrés autant par convenances que par ancienneté. Le plus grand nombre de ces usages a cependant été écarté par la nécessité de la conformité des prix pour l'exécution de la Loi du *maximum*. Leur retour a paru proscrit & considéré par beaucoup de monde , comme des marques de féodalité dont il falloit écarter jusqu'à l'idée. Cependant on revient un peu sur ces usages , sans préjuger la question de savoir s'ils doivent être permis ; il faut examiner s'ils sont onéreux au commerce.

Le poids de Vicomté de Rouen , par exemple , étoit de 104 pour 100 , & de 106 sur certains genres de marchandises. Les détaillants qui divisoient ces grandes pesées , donnoient 104 pour 100 jusqu'à 3 livres ; au-dessous, ils ne donnoient que le poids juste ; & dans tout les cas, le trait leur emportoit ce qu'ils avoient de plus en gros. Outre ces 106 , l'on donnoit 8 pour cent pour la tarre

CHAPITRE III.

Bases du nouveau Systême Métrique de France.

FUt-il jamais de plus importantes fonctions, que celles de composer pour une grande Nation, un systême Métrique, qui pût aussi être offert à tous les Peuples de la terre ? L'Assemblée nationale, en concevant ce vaste projet, conçut aussi qu'il en falloit confier l'exécution à des savants, qui, exempts de préjugés & étrangers à tous les intérêts particuliers, ne pourroient tromper son attente. En effet, le succes a répondu à la grandeur de l'entreprise.

La Commission des Poids & Mesures, sans considérer la France uniquement, a pris pour base principale du nouveau systême le quart du méridien terrestre ; elle l'a divisé & subdivisé en parties décimales, jusqu'à la fraction de son dix millionieme, qui est le MÈTRE donné pour base effective ; sa longueur exacte est de 3,079458 pieds de roi (a), ou à peu près 3 pieds 11 lignes 5 points.

Le mètre est donc l'étalon universel & la mesure unique, puisque toutes les autres en font des réunions ou des fractions.

---

ou emballage sur les cotons en laine, quoique cet emballage ne montât point à plus de 2 à 3 pour cent. Mais le détaillant donnoit 18 onces & demie pour livre à la fileuse, & il n'avoit pas trop de ces 14 pour 100 pour ces 2 onces & demie par livre & le trait. La fileuse donnoit 17 onces & demie de fil pour livre, & il falloit qu'elle eût beaucoup de soin de ses 18 onces & demie de coton pour en faire 17 onces & demie de fil, à cause du déchet. Enfin, si l'acheteur faisoit blanchir ce fil, il n'en retiroit que 16 onces ou une livre juste : il en étoit de même à l'égard du lin jusqu'au fil blanchi, suivant les réductions qu'il éprouvoit.

L'on voit par ces explications que beaucoup d'usages étoient le résultat d'une économie commerciale sagement combinée, parce qu'au moyen de ces indemnités proportionnées au *déficit* que chaque chose pouvoit eprouver sur le pesage ou le déchet, chacun pouvoit se réduire au bénéfice le plus modéré, parce qu'il étoit certain.

(a) Je prends pour gouverne les instructions de la Commission.

(13)

La premiere mesure réguliere (*a*) , ascendante ou descendante du mètre linéaire , est 10 fois plus grande ou 10 fois plus petite ; la seconde 100 fois , la troisieme 1000 , ainsi de suite , chacune dix fois plus grande que celle qui la suit , & 10 fois plus petite que celle qui la précede.

Chaque mesure réguliere de superficie , est 100 fois plus grande que celle qui la suit , & 100 fois plus petite que celle qui la précede.

Chaque mesure réguliere de solidité ou de capacité , est 1000 fois plus grande que celle qui la suit , & 1000 fois plus petite que celle qui la précede.

Comme les poids sont déduits de la pesanteur du mètre-cube d'eau , leurs progressions sont les mêmes que celles des solides & des capacités.

Les monnoies suivent l'ordre simple de la numération , c'est-à-dire, que chacune vaut 10 fois plus que celle qui la suit , & 10 fois moins que celle qui la précede.

Je figure toutes ces différentes progressions au tableau que je donne ci-après , du rapport général des nouvelles mesures aux anciennes.

Quoique cette division de l'unité differe des instructions de la Commission, j'ai cru pouvoir soumettre ces idées au Public , parce que j'estime que les fractions , ainsi que les nombres , doivent nécessairement être exprimées chacun par le rapport direct qu'il a avec l'entier. Sans cela on tombe dans l'inconvénient de la division de la toise (*b*).

(*a*) J'appelle premieres mesures régulieres , ascendantes ou descendantes , celles que l'on exprime comme il suit :

La premiere mesure linéaire ascendante , par l'addition d'un zéro à l'unité ; la premiere descendante , en posant une virgule & un zéro avant l'unité. Dans le même ordre deux zéros pour les superficies , parce qu'elles se comptent en longueur & en largeur. Et enfin , trois zéros pour les solides & les capacités , parce qu'ils se comptent en longueur , en largeur & en hauteur.

(*b*) L'on sait que la toise superficielle se divise en 6 pieds , quoiqu'elle en contienne 36 , & que la toise cubique , qui en contient 216 , se divise aussi en 6.

Les fuperficies & les folides fe compofent de la multiplication ou de la divifion de leurs dimenfions linéaires, l'une par l'autre. Si ces dimenfions font au-deſſus de l'unité, on doit multiplier la longueur par la largeur, pour avoir le quarré ou la bafe d'une mefure quelconque; & pour en avoir la folidité, il faut multiplier cette bafe par la hauteur. S'il eſt queſtion, par exemple, d'un volume de 60 pouces de longueur fur 40 pouces de largeur & fur 30 pouces de hauteur, il faut multiplier 60 par 40; le produit donne 2400, qui eſt la bafe. Il faut enfuite multiplier ce premier produit par 30, l'on aura pour fecond produit ou réfultat, 72000, par où l'on connoîtra que la folidité de ce volume eſt 72000 pouces cubiques.

Si les dimenfions d'une fuperficie ou d'un folide font des fractions, il faut au contraire les divifer l'une par l'autre, pour en avoir les réfultats; car il eſt évident, par exemple, qu'un centieme eſt la dixieme partie d'un dixieme, qu'ainfi le quarré, qui a pour côté un décimètre, n'étant que la centieme partie du mètre quarré, doit être appellé centimètre.

Comme la divifion des fractions s'opére précifément comme la multiplication des unités, l'on dit ordinairement multiplier & non divifer, quoique le réfultat foit toujours inférieur au multiplicande & au multiplicateur. Plus l'opération fe prolonge, plus le réfultat fe trouve réduit comparativement à l'unité; c'eſt-à-dire, que fi, avec des décimètres linéaires, par exemple, on compofe une fuperficie, le réfultat fera des centimètres; & il fera des millimètres, fi l'on en compofe un folide. Donc, fi l'on multiplie 6 décimètres par 4 décimètres, le produit fera 24 centimètres fuperficiels; & fi l'on multiplie ce premier produit par 3 décimètres, le fecond produit fera un volume de 72 millimètres. Pour me faire mieux entendre, je vais figurer le calcul des deux opérations expliquées ci-deſſus. C'eſt le cas de répéter ici que pour le calcul, 6 décimètres doivent être exprimés comme il fuit, 0,6 mètre ainfi des autres fractions décimales qu'il faut toujours exprimer par plus ou moins de zéros, fuivant leur rapport avec l'entier. Ce font des principes dont il eſt indifpenfable d'être bien pénétré, pour l'intelligence des parties décimales.

<table>
<tr><td>

Trouver le contenu d'un
volume , dont la lougueur
eſt . . . . 60 pouces.
La largeur , . 40 d°.
Et la hauteur , 30 d°.

</td><td>

Trouver le conteuu d'un
volume , dont la longueur
eſt . . . . 0,6 mètre.
La largeur , . 0,4 d°.
Et la hauteur , 0,3 d°.

</td></tr>
</table>

60 longueur.	0,6 longueur.
40 hauteur.	0,4 largeur.
2400 baſe.	0,24 baſe.
30 hauteur.	0,3 hauteur.
72000 ſolidité.	0,072 ſolidité.

Cette derniere opération eſt conforme aux principes que j'ai poſés au Chapitre des Parties Décimales ; je n'y ai point, à la vérité, fait la multiplication des fractions ; mais comme une regle ne peut être juſte ſi tous les chiffres n'ont parlé, il éſt aiſé de voir la néceſſité de porter à gauche les zéros qui , dans la multiplication ordinaire, auroient été poſés à droite.

Je ſais qu'en conſidérant le décimètre comme unité , les produits donneroient toujours des décimètres ; mais il faudroit leur donner un autre nom , car il eſt impoſſible qu'un décimètre quarré ſoit autre choſe que la cèntieme partie du mètre quarré , & qu'un décimètre cubique ſoit autre choſe que la millieme partie du mètte cubique.

Mais ſi l'on dénaturoit ainſi le décimètre , le centimètre , &c. pour les calculer comme unités ou nombres incomplexes , cela auroit l'inconvénient de ne pouvoir combiner enſemble que ceux de même nature. Comment , par exemple , pourroit-on calculer la ſolidité d'une pianche de la longueur de 3 mètres , de 5 décimètres de largeur & de 8 millimètres d'épaiſſeur ? Si l'on opére comme j'ai opéré ci-deſſus , le réſultat ſera 120 millimètres : ce que l'on ne pourroit faire , en dénaturant les fractions. Il faut donc , ainſi que je l'ai expliqué , appeller toutes les fractions du nom des rapports qu'elles ont avec l'unité de même nature ; & , en les écrivant de même , l'on n'éprouvera aucune difficulté pour les calculs qui y font relatifs.

J'adopte ce fyftême avec d'autant plus de confiance , que l'Agence des Poids & Mefures ne s'en eft pas toujours écartée ; elle divife le ftère ou mètre-cube en 10 déciftéres , le déciftère en 10 centiftéres , & celui-ci en 10 milliftères. Voilà donc la millieme partie du ftère ou mètre-cube exprimée par le mot milliftère , qui eft fynonyme avec millimètre , & l'on ne peut difconvenir de la bonté de cette expreffion. Cependant , dans une autre occafion , l'on traduit la ligne-cube par 11 millimètres & une fraction ; cela met néceffairement de la confufion dans les idées , car , par millimètre-cube , l'on entendra auffi-tôt la millieme partie du mètre-cube , que l'on entendra un cube dont le côté eft un millimètre.

Au furplus , le parti que j'adopte coincide parfaitement avec notre fyftême numérique , qui eft reçu dans les quatre parties du monde , puifque de mille unités fimples , l'on forme l'unité de 1000 ; de mille unités de 1000 , on forme l'unité de million ; de mille unités de million , l'on forme l'unité de billion , (a) ainfi de fuite. Je divife l'unité en mille milliemes , le millieme en mille millioniemes , & le millionieme en mille billionniemes. Le billion eft exprimé par le chiffre 1 fuivi de neuf zéros , & le billionieme eft exprimé par le chiffre 1 précédé de neuf zéros , parce qu'il y a autant de billioniemes dans l'entier que d'entiers dans un billion.

Cette élévation de chiffres pour exprimer les fractions , doit d'autant moins effrayer , que cette fubdivifion n'eft ici pouffée auffi loin que comme objet de fcience & pour la fatisfaction des calculateurs , car dans le commerce ordinaire , les fractions ne defcendront jamais audeffous du millieme.

Je me fers du mot ftère pour tous les folides , de préférence à celui de mètre , afin de fimplifier mes expreffions , en diftinguant par leur nom feul les folides des longueurs. J'aurois bien defiré auffi avoir un

---

(a) J'ai préféré les mots billon & billioniftère à milliard & milliardiftère , qui font trop durs.

autre mot que celui de mètre , pour exprimer les superficies ; car c'est toujours une pauvreté que de n'avoir qu'un mot pour signifier deux choses différentes ; mais quand la loi a parlé , il faut la suivre , & je ne suis pas en contradiction avec ce principe , en proposant mes idées sur la division de l'unité , puisque la loi elle-même a commencé la division du stère , de maniere à n'avoir d'autre suite que celle que je lui donne.

Par suite du même principe , & pour n'avoir que des fractions régulieres , je compose tous mes numérateurs de trois, de quatre ou de six chiffres ; les chiffres de deux en deux conviennent pour les superficies , parce que l'unité se divise en centiemes , le centieme en dix milliemes , &c.

Au moyen de cet ordre qui regne dans la composition du nouveau systême , chaque mesure peut être comparée à telle autre que ce soit ; par le déplacement de la virgule dans la proportion du nombre des zéros qui en marquent la différence.

Si l'on veut , par exemple , rendre le myriamètre en toises , il faut avancer la virgule de deux chiffres , au nombre qui rend l'hectomètre en toises , pour compenser les deux zéros qui se trouvent de plus au myriamètre qu'à l'hectomètre , & l'on aura 5132,43. Si l'on veut savoir aussi combien il y a de lignes dans un décamètre , il faudra avancer la virgule de trois chiffres à l'article des lignes , pour compenser les trois zéros de la différence qui se trouve entre le décamètre & le centimètre , qui représente les lignes (a) , l'on aura 4434,42.

Ce principe est applicable à tous les poids & mesures & à toutes les tables. Si l'on veut , par exemple , traduire le last d'Amsterdam en déca-

---

(a) Si l'on compte simplement les zéros, la différence ne sera que d'un ; puisqu'il y en a un au décamètre & deux au centimètre ; mais ces deux derniers, qui sont des zéros diviseurs, ne peuvent être compensés avec l'autre, qui est un zéro multiplicateur. Il faut les compter tous les trois ensemble , puisqu'en effet ils seroient nécessaires pour exprimer le décamètre en centimètres , parce que cette derniere mesure est mille fois plus petite que l'autre. Cette regle est générale pour toutes les opérations de ce genre, c'est-à-dire, qu'il faut compter les zéros multiplicateurs avec les zéros diviseurs, & non les compenser.

litres, l'on trouve qu'il contient 29,112 hectolitres ; il faut avancer la virgule d'un chiffre vers la droite, parce que le décalitre est dix fois plus petit que l'hectolitre, & l'on aura 291,12. Si l'on vouloit, au contraire, rendre le last en kilolitres, il faudroit rétrograder la virgule d'un chiffre vers la gauche, parce que le kilolitre est dix fois plus grand que l'hectolitre, & l'on trouveroit que le last d'Amsterdam contient 2,9112 kilolitres.

Outre les poids & mesures réguliers que je donne au tableau généra du nouveau système comparé à l'ancien, il est quelques intermédiaires dont la connoissance est nécessaire ; mais on les trouvera aux Chapitres suivants, qui en donnent le détail & en marquent l'emploi.

Le meilleur argument que l'on puisse opposer à la doctrine du système actuel, est la comparaison de la colonne de gauche de chacun des deux tableaux ci-après. Dira-t-on que l'on peut y prendre une idée aussi juste de la progression & des rapports des anciennes mesures entr'elles, qu'il est facile de saisir cette progression & ces rapports dans le nouveau système ? D'un côté, l'on ne voit que confusion & complication ; de l'autre, la simplicité est jointe à la plus juste harmonie.

J'aurois dû peut-être, pour ne pas ajouter aux difficultés que présente la colonne des mesures anciennes, rendre les fractions des mesures comme on fait ordinairement, & non pas en décimales ; mais l'espace que je destinois à ce tableau, ne me le permettoit pas, mais je les rétablis ici telles qu'on peut les desirer.

Longueurs.

Le pouce $\frac{1}{12}$ pied.
La ligne $\frac{1}{144}$ idem, ou $\frac{1}{12}$ pouce.

Superficies.

Pouce $\frac{1}{144}$ pied.
Ligne $\frac{1}{1728}$ idem, ou $\frac{1}{144}$ pouce.

Solidités ou capacités.

Boisseau de Paris, $\frac{10}{27}$ pied.

Pinte de Paris, . . $\frac{1}{36}$ idem.

Pouce, ... $\frac{1}{1728}$ idem.

Ligne , ... $\frac{1}{2985984}$ idem , ou $\frac{1}{1728}$ pouce.

Once , . $\frac{1}{16}$ livre.

Gros , . $\frac{1}{108}$ idem, ou $\frac{1}{8}$ once.

Grain , . $\frac{1}{7216}$ idem , ou $\frac{1}{72}$ gros, ou $\frac{1}{576}$ once.

Sol , . . $\frac{1}{20}$ livre.

Denier , $\frac{1}{240}$ idem, ou $\frac{1}{12}$ sol.

Ce rétablissement des fractions du systême actuel, n'y répand pas beaucoup de clarté & n'applanit point les difficultés de l'Arithmétique ; car si l'on veut , par exemple, faire le produit de 5 pieds 1 ligne cubiques, à 4 livres 1 denier le pied , l'on trouvera peu de calculateurs en état de résoudre ce problême, qui , j'en conviens, est difficile & peu important à savoir dans le commerce. Cependant , pour prouver qu'il n'y a rien de difficile dans le calcul décimal, je vais faire une opération qui peut être comparée à celle-ci : je vais faire le produit de 5 stères 1 billionistère, à 4 francs 1 millime le stère.

$$5,000000001 \text{ stères,}$$
$$\text{à} \qquad 4,001 \text{ francs.}$$

$$5000000001$$
$$20000000004$$

$$20,005000004001 \text{ francs.}$$

RAPPORTS

DES NOUVELLES MESURES AUX ANCIENNES.

Mètres.   *Longueurs.*

100000	Dégré décimal. . . .	0,900000 dégré actuel.
10000	Myriamètre	2,250000 lieues communes.
1000	Kilomètre	0,225000 idem.
100	Hectomètre.	51,324300 toises.
10	Décamètre	1,399754 perches légales.
1	MÈTRE	3,079458 pieds de roi , ou 0,841712 aune de Par.
0,1	Décimètre	3,695350 pouces.
0,01	Centimètre.	4,434420 lignes.
0,001	Millimètre.	5,321304 points.

Superficies quarrées.

10000000000	Dégré.	506,250000 lieues communes.
100000000	Miriamètre.	5.062500 idem.
1000000	Myriare.	195,931500 arpents légaux, la perche de 22 pieds.
10000	Hectare.	1,959315 idem.
100	Are.	1,959315 perches , idem.
1	MÈTRE.	9,483062 pieds , ou 0,263418 toise.
0,01	Centimètre.	13,655612 pouces.
0,0001	Décimillimètre. . . .	19,664081 lignes.
0,000001	Millionimètres. . . .	28,316276 points.

Solides & capacités cubiques.

1	STÈRE ou Kylolitre.	29,202690 pieds ou 0,135197 toi. 3,650347m. de P.
0,001	Millistère ou Litre. .	50,462268 pouces, ou 1,051297 pintes de Paris.
0,000001	Millionistère	87,198794 lignes.
0,000000001	Billionistère.	150,679518 points.

Pesanteurs déduites du mètre cube d'eau distillée.

1	TONNEAU de mer.	1,022189 tonneau du port des navires.
0,001	Kilogramme	2,044379 livres poids de m. ou 32,710068 onces.
0,000001	Gramme	18,841000 grains , ou 0,261681 gros.
0,000000001	Milligramme. . . .	0,018841 idem.

Franc.   *Monnoies.*

1	FRANC.	1,000000 livre tournois.
0,1	Décime.	2,000000 sols.
0,01	Centime	0,800000 liard.
0,001	Millime.	0,240000 denier.

RAPPORTS

DES ANCIENNES MESURES AUX NOUVELLES.

Pieds.

Longueurs.

342162	Dégré du Méridien. .	1,111111 dégrés décimaux
13686,477	Lieue commune . . .	4,444444 kilomètres.
22	Perche légale.	7,144115 mètres.
6	Toise du Chât. de Par.	1,948395 idem
3,658565	Aune de Paris	1,188055 idem.
1	PIED.	3,247325 décimètres.
0,083333	Pouce. . . , ...	2,706104 centimètres.
0,006944	Ligne.	2,255086 millimètres.

Superficies quarrées.

187319735	Lieue commune. . .	19,753082 Myriares.
48400	Arpent légal. . . . ,	0,510384 hectare.
484	Perche légale.	0,510384 are.
36	Toise	3,796242 mètres.
1	PIED	10,545118 centimètres.
0,006944	Pouce.	7,323000 décimillimètres.
0000048	Ligne.	5,085415 millionimètres.

Solides & capacités cubiques.

216	Toise	7,396579 Stères ou mètres cubes.
8	Muid de Paris. (vins)	0,273947 kilolitre.
4,444444	Setier id. pour le bled.	0,152192 id. ou 1,521921 hectolitres.
1	PIED.	34,243421 millistères.
0,370370	Boisseau de Paris. . .	12,682748 Litres.
0,027777	Pinte de Paris	0,951206 Litre.
0,000578	Pouce.	19,816800 millionistères.
0,000000335	Ligne.	11,468050 Billionistères.

Livres.

Pesanteurs.

2000	Tonn. du port des nav.	0,978292 tonneau de mer, ou bar.
1	LIVRE poids de marc.	0,489146 killogrtmme.
0,0625	Once.	30,571620 grammes.
0,007812	Gros.	3,821453 idem.
0,000185069	Grain.	53,075739 milligrammes.

Liv. tourn.

Monnoies.

1	LIVRE tournois.	1,000000 franc.
0,05	Sol.	0'500000 décime.
0,0125	Liard	1,250000 centimes.
0,004167	Denier.	4,166667 millimes.

CHAPITRE IV.

Des Mesures de longueur.

LA nouvelle mesure de longueur, qui est le mètre, peut être considérée comme une canne à usage de l'homme de taille ordinaire ; elle remplacera le pied, l'aune, la toise, & les autres mesures de ce genre.

Le mètre contient,

3,079 pieds de roi, ou 3 pieds 1 pouce. (*a*)

0,842 aunes de Paris, ou $\frac{5}{6}$.

0,513 toises, ou $\frac{1}{2}$. (*b*)

Il se divise en 10 décimètres, le décimètre en 10 centimètres, le centimètre en 10 millimètres, &c.

Pour les grandes longueurs ou distances, l'on s'exprime par des unités, qui sont un certain nombre de mètres ; elles doivent être rangées dans l'ordre suivant.

Le décamètre, qui contient 10 mètres, est égal à 30,795 pieds de roi, ou 30 pieds 10 pouces ; il remplacera la perche, la chaîne d'Arpenteur, &c.

L'hectomètre, qui contient 100 mètres, est égal à 51,324 toises ou 51 $\frac{1}{3}$: c'est le côté de l'hectare, mesure agraire.

(*a*) Après ce que j'ai dit, au Chapitre deuxieme, je trouve inutile de fatiguer l'attention du lecteur par des approximations rigoureuses ; & au lieu de dire, par exemple, 3 pieds 11 lignes 5 points, je dis 3 pieds 1 pouce, au lieu de dire $\frac{50}{59}$ aune, je dis $\frac{5}{6}$, ainsi des autres fractions. Cela suffit d'autant plus, que les décima-les ne s'écartent jamais de plus d'un deux-millieme de l'entier.

(*b*) Les Menuisiers, les Maçons & autres, qui travaillent aux bâtiments, appellent ordinairement la toise linéaire toise courante, pour la distinguer de la toise superficielle ou cubique. Je n'ai pas cru devoir employer cette expression, parce que le nom seul de la mesure, par rapport à la chose dont on parle, en dit assez. L'on ne dit jamais lieue courante, pour distinguer la mesure linéaire de la mesure superficielle ou lieue quarrée.

Le kilomètre contient 1000 mètres ; il eſt égal à 0,225 lieue commune ou ¼. C'eſt la nouvelle meſure itinéraire.

Le myriamètre contient 10000 mètres ou 10 kilomètres ; il eſt égal à 2,250 lieues communes ou 2 ¼. Il convient on ne peut mieux pour exprimer la courſe d'une poſte , qui eſt trop courte étant de 4000 toiſes.

On a placé ſur les grandes routes des colonnes qui marquent les myria-mètres. On ne peut cependant compter les grandes diſtances par myria-mètres , parce que les unités de dix mille , qui coincidoient peut-être avec la numération des Grecs , ne coincident pas avec la nôtre ; car , en diſant , par exemple , qu'il y a de Paris à Rouen 13 myriamètres 4 kilomètres , comme cela eſt en effet , c'eſt comme ſi on diſoit 13 dix mille mètres , 4 mille mètres. Ne convient-il pas mieux de dire 134 kilomètres , ou ſimplement 134 milles , comme on fait dans beaucoup de pays , où le nom de l'unité reſte ſous-entendu lorſqu'il eſt queſtion de meſures itinéraires ?

Le degré décimal contient 100000 mètres ou 100 kilomètres ; c'eſt la centieme partie du quart du méridien terreſtre ; il eſt égal à 22 lieues ½ ou 0,9 du degré ancien.

La nouvelle diviſion du méridien étant de 400 degrés , le globe terreſtre a 40000 kilomètres de circonférence , & ſon diamètre eſt de 127331 , ou 127331235 mètres.

CHAPITRE V.

Des Mesures de superficies.

LE mètre quarré, qui est la nouvelle mesure de superficie, contient,
9,4831 pieds quarrés, ou 9 $\frac{1}{2}$.
0,2534 toise quarrée, ou $\frac{1}{4}$.

Le mètre quarré ou superficiel, se divise en 10 décimètres, le décimètre en 10 centimètres, le centimètre en 10 millimètres, ainsi de suite.

Le décimètre est un rectangle de la longueur d'un mètre, & de la largeur d'un décimètre.

Le centimètre est un quarré, dont le côté est un décimètre.

Le millimètre est un rectangle de la longueur d'un décimètre & de la largeur d'un centimètre. Ainsi, chaque division & subdivision décimale du quarré, donnent alternativement l'une un rectangle, & l'autre un quarré.

Les quarrés sont les fractions régulieres, que j'ai expliquées & comprises au tableau général, Chapitre II.

Comme beaucoup de marchandises se fabriquent & se vendent sur les mesures de superficies, je donne ci-après quelques tables des dimensions de différentes formes, pour remplacer les mesures anciennes par les mesures nouvelles ; ces tables pourront aussi servir pour la confection des mesures de capacité, ainsi que cela sera expliqué au Chapitre qui en traite. Je donne ces dimensions, à commencer par le mètre jusqu'au centimètre inclusivement, parce qu'à ce moyen, elles pourront servir pour exprimer toutes sortes de surfaces, depuis les plus petites jusqu'aux plus grandes, en changeant la virgule de place. Si on l'avance d'un chiffre, vers la droite, on a les dimensions d'une mesure cent fois plus grande ; si on l'avance de deux chiffres, on a les dimensions d'une mesure ou superficie 10000 fois plus grande, ainsi de suite. Par la même raison, à chaque chiffre qu'on la fait rétrograder de droite à gauche, on a les dimensions d'une mesure cent fois plus petite.

Si l'on veut, par exemple, avoir les dimensions d'un quarré de 50 mètres, il faut voir, à la page 26, celles du quarré de 5 décimètres, qui est la centieme partie du quarré de 50 mètres ; on trouve 707,107 millimètres. Si on avance la virgule d'un chiffre, on aura 7071,07 millimètres, qui font le côté d'un quarré de 50 mètres. Si on veut avoir un rectangle de 3 hectares, dont la longueur soit deux fois la largeur, il faut prendre, à la page 29, les dimensions du quarré de trois centimètres, qui est la millionieme partie du quarré de 3 hectares. En conséquence, il faudra avancer la virgule de trois chiffres, ou (ce qui revient au même) la supprimer, puisque, se trouvant alors après le dernier chiffre, elle n'est plus nécessaire pour séparer l'unité des fractions, & on aura pour la largeur 122474 millimètres, & 244950 pour la longueur. Pour avoir les dimensions d'un cercle de six millimètres, il faudroit prendre, à la page 28, celles du cercle de six décimètres, qui est 100 fois plus grand que celui de six millimètres, & faire rétrograder la virgule d'un chiffre vers la gauche ; on aura 87,4065, qui est le diamètre d'un cercle de six millimètres.

QUARRÉS.

Comme l'Agence des Poids & mesures, j'exprime toutes les dimensions des mesures en millimètres linéaires. Ceux qui voudront compter
par mesures plus grandes, les convertiront à leur gré, par le déplacement de la virgule. Si on la fait rétrograder d'un chiffre vers la gauche,
au lieu de millimètres, ou a des centimètres, pour deux chiffres, des
décimètres, & pour trois chiffres des mètres.

	Côtés
MÈTRE, ...	1000,000
Neuf décimètres, ...	948,684
Huit décimètres, ...	894,427
Sept décimètres, ...	836,667
Six décimètres, . . i	774,597
Cinq décimètres, ...	707,107
Quatre décimètres, ...	632,460
Trois décimètres, ...	547,723
Deux décimètres, ...	447,214
DÉCIMÈTRE, ...	316,229
Neuf centimètres, ...	300,000
Huit centimètres, ...	282,843
Sept centimètres, ...	264,576
Six centimètres, ...	244,949
Cinq centimètres, ...	223,607
Quatre centimètres, ...	200,000
Trois centimètres, ...	173,205
Deux centimètres, ...	141,414
CENTIMÈTRE, ...	100,000

HÉXAGONES.

	Diamètres.
MÈTRE.	1074,640
Neuf décimètres, ...	1019,494
Huit décimètres, ...	961,188
Sept décimètres, ...	899,108
Six décimètres, ...	832,413
Cinq décimètres, ...	759,885
Quatre décimètres, ...	679,662
Trois décimètres, ...	588,605
Deux décimètres , ...	480,594
DÉCIMÈTRE, ...	339,810
Neuf centimètres , ...	322,392
Huit centimètres , ...	303,954
Sept centimètres , ...	284,317
Six centimètres, ...	263,232
Cinq centimètres, ...	240,297
Quatre centimètres, ...	214,928
Trois centimètres, ...	184,851
Deux centimètres, ...	151,977
CENTIMÈTRE, ...	107,464

Nota. **Le diamètre est pris des côtés opposés, & non des angles.**

CERCLES.

	Diamètres.
MÈTRE, ...	1128,413
Neuf décimètres, ...	1070,507
Huit décimètres, ...	1009,256
Sept décimètres, ...	944,098
Six décimètres, ...	874,065
Cinq décimètres, ...	797,910
Quatre décimètres, ...	713,671
Trois décimètres, ...	618,057
Deux décimètres, ...	504,642
DÉCIMÈTRE, ...	356,835
Neuf centimètres, ...	338,524
Huit centimètres, ...	319,163
Sept centimètres, ...	298,550
Six centimètres, ...	276,402
Cinq centimètres, ...	252,321
Quatre centimètres, ...	225,683
Trois centimètres, ...	195,447
Deux centimètres, ...	159,582
CENTIMÈTRE, ...	112,841

RECTANGLES,

Dont la longueur est deux fois la largeur.

	Largeurs.	Longueurs.
MÈTRE,........	707,107	1414,214
Neuf décimètres, ...	670,820	1341,640
Huit décimètres, ...	632,446	1264,892
Sept décimètres, ...	591,611	1183,222
Six décimètres, ...	547,723	1095,446
Cinq décimètres, ...	500,000	1000,000
Quatre décimètres, ..	447,214	894,428
Trois décimètres,....	387,298	774,596
Deux décimètres,....	316,228	632,456
DÉCIMÈTRE, ..	223,607	447,214
Neuf centimètres, ...	212,132	424,264
Huit centimètres, ...	200,000	400,000
Sept centimètres,....	187,079	374,157
Six centimètres, .·..	173,205	346.410
Cinq centimètres, ...	158,114	316,228
Quatre centimètres, ..	141,424	282,848
Trois centimètres, ...	122,474	244,950
Deux centimètres, ...	100,000	200,000
CENTIMÈTRE, ..	70,711	141,421

RECTANGLES,

Dont la longueur eſt une fois & demie la largeur.

	Largeurs.	Longueurs.
MÈTRE, ...	816,497	1224,746
Neuf décimètres, ...	774,597	1161,895
Huit décimètres, ...	730,297	1095,446
Sept décimètres, ...	683,130	1024,695
Six décimètres, ...	632,457	948,685
Cinq décimètres, ...	577,351	866,027
Quatre décimètres, . . .	516,398	774,597
Trois décimètres, ...	447,214	670,821
Deux décimètres, ...	365,150	547,725
DÉCIMÈTRE, . . .	258,200	387,300
Neuf centimètres, ...	244,900	367,350
Huit centimètres, ...	230,900	346,350
Sept centimètres, ...	216,023	324,034
Six centimètres, ...	200,000	300,000
Cinq centimètres, ...	182,574	273,861
Quatre centimètres, . . .	163,300	244,950
Trois centimètres, . . .	141,421	212,132
Deux centimètres, . . .	115,470	173,205
CENTIMÈTRE, . .	81,650	122,475

RECTANGLES,

Divisibles en deux moitiés semblables au premier.
La largeur est à la longueur , comme 1 à la racine
quarrée de 2.

	Largeurs.	Longueurs.
MÈTRE, ...	840,890	1189,220
Neuf décimètres , ...	797,738	1128,112
Huit décimètres , ...	752,115	1063,667
Sept décimètres , ...	703,539	994,969
Six décimètres , ...	651,350	921,162
Cinq décimètres , ...	594,610	840,890
Quatre décimètres , . . .	531,834	752,115
Trois décimètres , ...	460,574	651,350
Deux décimètres , ...	376,058	531,834
DÉCIMÈTRE, . .	265,917	376,058
Neuf centimètres, . . .	252,267	356,765
Huit centimètres, . . .	237,844	336,356
Sept centimètres , ...	222,480	314,640
Six centimètres , ...	205,977	291,298
Cinq centimètres , . . .	188,029	265,917
Quatre centimètres, . . .	168,178	237,844
Trois centimètres, . . .	145,649	205,977
Deux centimètres, . . .	118,922	168,178
CENTIMÈTRE, .	84,089	118,922

Je voudrois pouvoir expliquer, pour chaque genre de commerce en particulier, tous les rapports des mesures nouvelles avec les mesures anciennes ; mais, vu la difficulté d'entrer dans d'aussi longs détails, je me bornerai à quelques-uns, à l'égard desquels la maniere de compter est susceptible d'amélioration.

Il y a beaucoup de marchandises dont la valeur est en raison de la superficie, & qui se vendent cependant suivant leur longueur ou suivant leur nombre ; cela met beaucoup de difficultés dans les estimations & d'incertitude dans les livraisons. Si on vendoit d'après les mesures de superficies, toutes les choses qui en sont susceptibles, les marchands, & sur-tout les consommateurs, trouveroient plus de sûreté dans leurs transactions. Tel, par exemple, qui voudroit faire bâtir une maison, calculeroit plus facilement les quantités des matériaux qui lui sont nécessaires ; il sauroit, de suite, que, pour un aire de 12 mètres, il lui faut 12 mètres de pavé, &c. Celui à qui il faut six mètres d'étoffe pour s'habiller, en acheteroit six mètres, sans égard à la largeur qu'elle pourroit avoir, il n'auroit plus à convenir que du prix ; cela deviendroit d'autant plus facile, que ceux d'un très-grand nombre d'étoffes se rapprocheroient par cette maniere de mesurer. Le consommateur né pourroit alors être trompé par le marchand ni par le tailleur, & toutes spéculations frauduleuses de la part des fabricants & des fournisseurs sur la réduction des largeurs, seroient impossibles.

Il ne faut pas objecter, contre cette proposition, la difficulté de réduire en surfaces les nombres & les longueurs ; les tables graphiques & les parties décimales, offrent pour cela de grandes facilités qui sont déjà connues & que j'expliquerai cependant dans la suite de cet ouvrage.

Des Planches.

Les planches se vendent au cent ; il est composé, pour le bois de chêne, de 100 toises de longueur sur 8 à 9 pouces de largeur ; cela fait de 42 à 47 mètres superficiels. Le prix moyen du cent étant 200 francs, celui du mètre sera 4,4 francs ou 4 liv. 8 sols. Le cent de sapin est composé de 100 planches de la longueur de 10 à 11 pieds, & de

la largeur de 7 à 9 pouces : cela répond de 62 à 87 mètres fuperficiels (*a*). Le prix moyen étant de 200 francs le cent, la proportion eft
2,7 francs le mètre, ou 2 liv. 14 fols.

Du Pavé.

Le pavé quarré de 8 pouces contient 4,68 centimètres, qu'il convient de remplacer par 5 centimètres, parce que c'eft la mefure qui en
approche le plus. Le prix du millier de 8 pouces étant à 65 francs,
la proportion, pour celui de 5 centimètres, eft 70 francs le millier,
ou 28 fols le mètre.

Le pavé quarré de 6 pouces contient 2,64 centimètres, qu'il convient de remplacer par 3 centimètres; le prix étant à 22 francs le
millier, le rapport, pour celui de 3 centimètres, feroit 25 francs
auffi le millier, ou 8 décimes, c'eft-à-dire, 16 fols le mètre.

Le pavé à 6 pans, de 4 pouces de diamètre, contient 0,91 centimètre,
qu'il convient de remplacer par un centimètre. Le prix de celui de 4
pouces étant 12 francs le millier, la proportion pour celui d'un centimètre eft 13 francs auffi le millier, ou 1,3 francs, c'eft-à-dire, 26 fols
le mètre.

Le pavé à 6 pans, de 6 pouces de diamètre, contient 2,05 centimètres, qu'il convient de remplacer par 2 centimètres. Celui de 6 pouces
étant à 35 francs le millier, la proportion pour celui de 2 centimètres eft
34 francs auffi le millier, ou 1,7 francs, c'eft-à-dire, 34 fols le mètre.
On trouvera les dimenfions de ces mefures, page 27.

De la Tuile.

La tuile de 8 pouces 6 lignes, fur 4 pouces 6 lignes, contient 2,8 centimètres; on la remplacera par 3 centimètres, dont les dimenfions
feront 126 fur 238 millimètres. Le prix du millier de la mefure ancienne
étant 18 francs, celui du millier de la nouvelle mefure fera 19 francs,
& le prix du mètre fuperficiel fera 0,63 francs, ou 12 fols 9 deniers.

(*a*) On conçoit, par cette différence, tout l'avantage que donneroit une
meilleure méthode pour mefurer.

De l'Ardoise.

L'ardoise se vend , à Rouen , 65 francs le millier ; sa grandeur est de 11 pouces sur 8 ; ce qui fait 6,5 centimètres , que l'on remplacera par 6 ou par 7 centimètres , dont les dimensions seront prises à la page 31. La proportion du prix sera 60 francs le millier de 6 centimètres , 70 francs celui de 7 centimètres , ou 1 franc le mètre superficiel.

Du Fer-blanc.

Le fer-blanc se vend par caisses de 225 feuilles , chacune de la longueur de 13 pouces 6 lignes , sur 9 pouces 6 lignes de largeur , ce qui fait 9,4 centimètres. La caisse contient 21 mètres quarrés. On pourroit à l'avenir faire les feuilles d'un décimètre , suivant les dimensions qui se trouvent page 31. Le prix actuel étant 100 francs la caisse , les rapports seroient 105 francs aussi la caisse , ou 5 francs le mètre quarré ou superficiel.

Des Papiers.

Les papiers se vendent généralement à la livre dans les lieux de leur fabrication , & le nombre de feuilles , sur un poids quelconque , n'influe point sur le prix : ainsi , à poids égal , deux feuilles ne coûtent pas plus qu'une. Dans le commerce en gros , il se vend à la rame ; les Marchands en détail le vendent à la main ou à la feuille. Ne conviendroit-il pas aussi de vendre le papier au mètre , sauf à en désigner la qualité , relativement à son poids , ainsi que cela sera expliqué au Chapitre du Mesurage mixte.

Le plus grand papier qui soit désigné au dernier Tarif des droits , est le Grand Monde , dont la feuille contient 93 centimètres ; viennent après le Grand Aigle , qui est de 66 ; l'Impérial ou Colombier , 50 ; le Grand Raisin , 28 ; le Carré de Caen , 16 ; la Telliere , 14 ; l'Espagnol ou au Pot , 12 ; Demoiselle , 9.

Je donne ci-après les prix proportionnels de la rame & du mètre quarré.

	La rame.		Le mètre.		
Grand Aigle ,	. . . 200 l.	. . . .	12 f.	ou	0,6 franc.
Colombier ,	 80	. . . .	6	. . . .	0,3
Grand Raifin ,	. . . 30	. . . .	4	. . . .	0,2
Carré de Caen ,	. . 16	. . . .	4	. . , .	0,2
Telliere ,	 14	. . . .	4	. . . .	0,2
Griffon ,	 10	. . . .	2 6		0,125
Efpagnol ou au Pot.	6	. , ...	2	. . . .	0,1
Demoifelle ,	 2	10 f. . . .	1 1		0,055

Je me borne aux qualités les plus courantes.

Pour la fûreté du commerce , chaque feuille devroit défigner le nom du Fabricant & l'année de la fabrication. Il y a lieu de préfumer auffi que les formes feront affujetties à la loi des nouvelles mefures. Peut-être conviendroit-il d'en réduire le nombre , en défendant celles des décimètres rompus. Ma table , de la page 31 , pourroit, par la nature de fes proportions , fervir utilement le commerce du papier. Si la vente des papiers fe faifoit au mètre , les rames devroient être de 500 mètres , ainfi que cela eft expliqué au Chapitre précité du Mefurage mixte.

Excepté ce qui fe vend au poids , tous les objets de poterie , boiffellerie , bahuterie , coffreterie , tonnelerie & autres de même genre , devroient à l'avenir fe vendre au mètre fuperficiel. Les tables des mefures qui font au Chapitre fuivant , donneroient de grandes facilités pour ce commerce.

Au-deffus du mètre , les mefures régulieres font ,

L'are , qui eft de 100 mètres & qui contient 1,959 perches légales , de 22 pieds en quarré.

L'hectare , qui eft de 100 ares , contient 1,959 arpent légal de 100 perches de 22 pieds.

Le myriare eft une étendue d'un kilomètre en quarré , qui contient 100 hectares ou 196 arpents.

Le myriamètre quarré eſt une étendue de 5 lieues quarrées , qui conviendroit pour un canton.

Le degré quarré eſt une étendue dont le côté eſt un degré décimal ou 100 kilomètres ; il contient un million d'hectares ou près de deux millions d'arpents.

Je termine ce Chapitre par une diviſion géométrique de la France en degrés quarrés. Comme il m'auroit été impoſſible de former des degrés quarrés , en me réglant ſur les degrés géographiques , j'ai fait paſſer ma premiere ligne verticale par l'extrémité la plus occidentale de France, c'eſt-à-dire, par le cap Finiſtère, dans le fond de la Bretagne. Ce point m'a ſemblé le plus naturel , parce que nous liſons de droite à gauche. C'eſt ſans doute la même raiſon qui a déterminé l'Europe à placer le premier méridien à l'Iſle de Fer, vu qu'il paſſe auſſi par la partie la plus occidentale de notre continent. J'ai tiré mes lignes horiſontales, à partir de la diviſion de cette ligne en degrés de latitude.

Les degrés de la diviſion géographique ſont marqués en points. Cette carte préſente donc en même-temps la nouvelle géographie & les nouvelles meſures itinéraires & agraires.

La République pouvoit-elle offrir une plus belle diviſion que celle dont le ſommet préſente juſtement les dix chiffres qui compoſent notre numeration , & qui eſt du nord au ſud comme de l'oueſt à l'eſt , le dixieme de la longueur du quart du méridien terreſtre , qui eſt pris pour baſe des nouvelles meſures ; on ne pouvoit non plus rencontrer rien de plus analogue au calcul décimal.

Le même cadre qui ſert pour la diviſion de la France en degrés , ſervira pour ſa ſubdiviſion. Si on diviſe un degré , par exemple , chaque quarré rendra un canton, ainſi de ſuite , juſqu'aux plus petites meſures. Après avoir ainſi deſcendu , par une marche ſimple & réguliere , du degré au millionimètre, l'on pourra remonter, franchir le degré & meſurer la ſuperficie du globe terreſtre , que l'on trouvera être de 50932 degrés ſuperficiels , ou 50.932.492.000 hectares. Ainſi , l'on apprendra en même-temps la Géographie , l'Arpentage & le Toiſage.

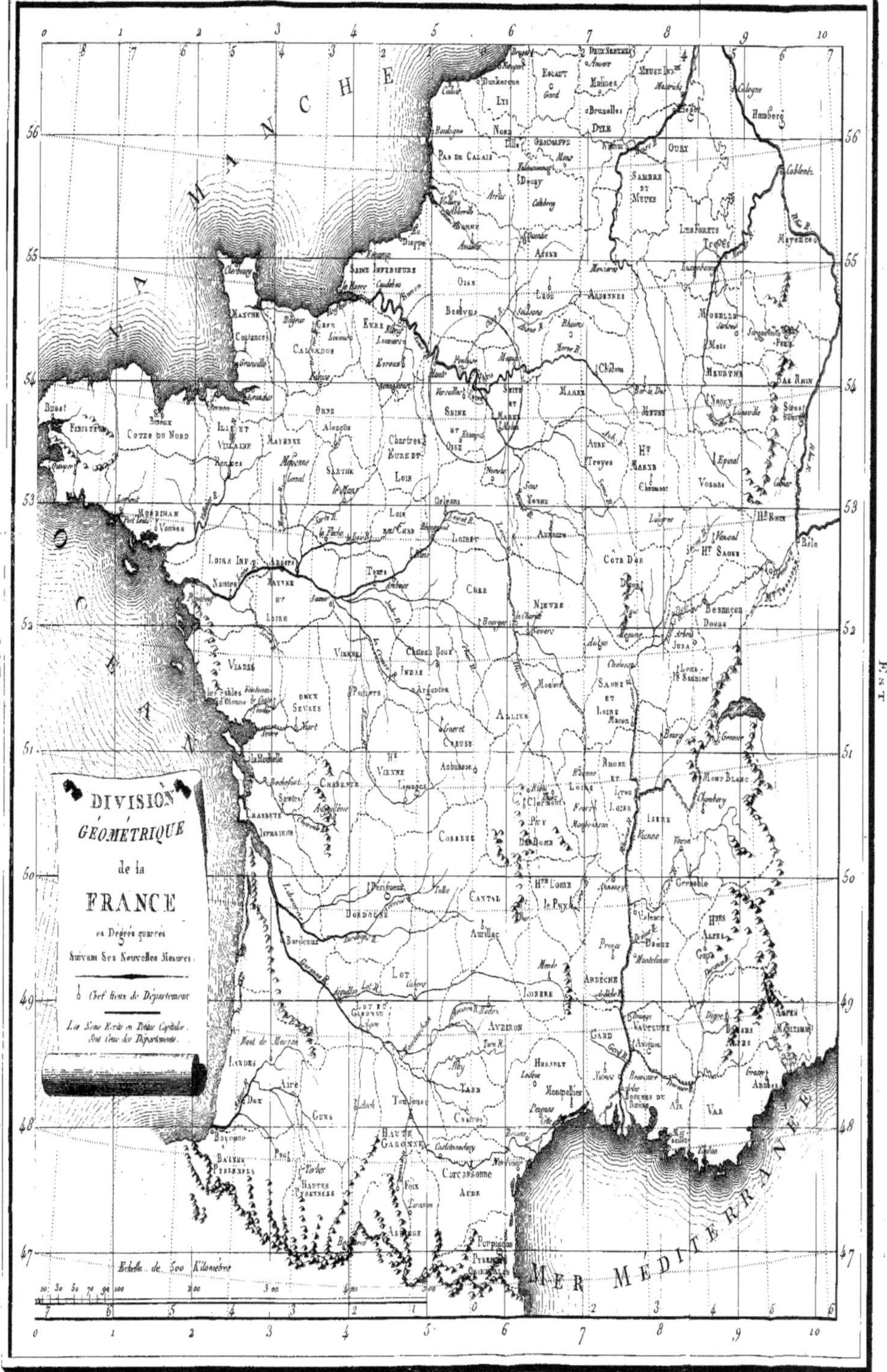

NORD
SUD
OUEST
EST
MANCHE
OCÉAN
MER MÉDITERRANÉE
DIVISION
GÉOMÉTRIQUE
de la
FRANCE
ou Degrés quarrés
Suivant Ses Nouvelles Mesures.
Chef lieux de Département
Les Noms Ecrits en Petites Capitales
Sont ceux des Départements.
Echelle de 500 Kilomètres
Brest
FINISTERE
COTES DU NORD
MORBIHAN
Vannes
Lorient
Port Louis
ILLE ET VILAINE
Rennes
MAYENNE
Laval
Nantes
LOIRE INFre
Angers
MAYNE ET LOIRE
VENDÉE
les Sables d'Olonne
Fontenay le Comte
La Rochelle
Rochefort
Saintes
CHARENTE INFERIEURE
DEUX SEVRES
Niort
VIENNE
Poitiers
HTE VIENNE
Limoges
CHARENTE
Angoulême
CORREZE
DORDOGNE
Périgueux
Bordeaux
LANDES
Mont de Marsan
Dax
Bayonne
BASSES PYRENNÉES
Pau
Tarbes
HAUTES PYRENNÉES
GERS
Auch
HAUTE GARONNE
Toulouse
LOT ET GARONNE
Agen
LOT
Cahors
AVEIRON
Rodez
TARN
Albi
Castres
HERAULT
Montpellier
AUDE
Carcassonne
Foix
ARRIEGE
Perpignan
PYRENNÉES ORIENTALES
GARD
Nîmes
ARDECHE
Privas
LOZERE
Mende
CANTAL
Aurillac
HTE LOIRE
le Puy
PUY DE DOME
Clermont
ALLIER
Moulins
CREUSE
Gueret
INDRE
Chateau Roux
Argenton
CHER
Bourges
NIEVRE
Nevers
LOIRET
Orleans
LOIR ET CHER
Blois
INDRE ET LOIRE
Tours
SARTHE
le Mans
ORNE
Alençon
EURE ET LOIR
Chartres
MANCHE
Coutances
CALVADOS
Caen
Lisieux
Bayeux
Cherbourg
SEINE INFERIEURE
Rouen
Dieppe
EURE
Evreux
SEINE ET OISE
Versailles
SEINE
Paris
OISE
Beauvais
SOMME
Amiens
Abbeville
PAS DE CALAIS
Arras
Boulogne
Calais
Dunkerque
LYS
NORD
Lille
Douay
Cambray
JEMMAPPES
Mons
ESCAUT
Gand
DYLE
Bruxelles
DEUX NETHES
Anvers
Malines
MEUSE INFre
Maestricht
OURT
Liege
Cologne
Hombourg
Coblentz
RHIN ET MOSELLE
Mayence
SARRE
Trèves
LESFORETS
Luxembourg
SAMBRE ET MEUSE
Namur
ARDENNES
Mezieres
AISNE
Laon
MARNE
Rheims
Chalons
HTE MARNE
Chaumont
MEUSE
Bar le Duc
Verdun
MEURTHE
Nancy
Lunéville
VOSGES
Epinal
BAS RHIN
MONT TONNERRE
SARRGUEMINES
MOSELLE
Metz
Sarlouis
YONNE
Auxerre
AUBE
Troyes
COTE D'OR
Dijon
Auxonne
SAONE ET LOIRE
Macon
HTE SAONE
Vesoul
DOUBS
Besançon
JURA
Lons le Saunier
AIN
Bourg
RHONE
Lyon
LOIRE
Montbrison
St Etienne
ISERE
Grenoble
Vienne
DROME
Valence
Montelimar
MONT BLANC
Chambery
HTES ALPES
Gap
BASSES ALPES
Digne
VAUCLUSE
Avignon
BOUCHES DU RHONE
Marseille
Aix
VAR
Toulon
Draguignan
ALPES MARITIMES
Nice
Antibes
Grasse

CHAPITRE VI.

Des Mesures de solidité & de celles de capacité.

Toutes les mesures de solidité & toutes celles de capacité, font déduites du mètre cubique, puisque, sous le nom de stère, il doit remplacer le pied & autres mesures d'encombrement. C'est ici le cas de parler de la Jauge, qui regle le port des navires ou le nombre des tonneaux qui constitue leur charge.

De la Jauge.

La Jauge des navires est de deux genres ; tous deux s'expriment par le même mot, qui est tonneau : ces deux genres font, capacité & faculté de port ; & tous deux, quoique paroissant avoir une acception très-différente, se rapprochent quant au fond.

L'on exprime par tonneau une capacité de 42 pieds cubiques, & tout à la fois une pesanteur de 2000 livres, poids de marc.

Un navire du port de 100 tonneaux, par exemple, est celui qui contient 100 fois 42 pieds cubiques, & qui peut porter une pesanteur de 200000 livres.

Si l'on évalue le poids du volume de 42 pieds cubiques d'eau, l'on aura près de 3000 livres. Mais le navire formant par lui-même un poids, & ayant à bord son équipage, ses provisions & son lest, il ne peut être rempli de matieres aussi pesantes que l'eau ; c'est pourquoi l'on a réduit à 2000 livres le poids de la capacité, qui s'éleveroit à près de 3000 livres. Un navire ne peut donc être rempli, qu'autant que son chargement n'excede point 2000 livres par tonneau de capacité.

L'Agence temporaire des poids & mesures désigne par tonneau de mer, le poids du même cube d'eau, qui est égal à 2044,4 livres poids de marc. Voilà donc le nouveau tonneau de mer à peu près ce qu'il étoit quant au port des navires ; & quant à la jauge, il n'est pas présumable que l'Agence détermine exprès une mesure, cun répondant à 0,547 muids de Paris , pour le bled ; il fournit approchant à la confommation journaliere de mille perfonnes.

La Commiffion ou Agence , après avoir donné les mefures les plus avantageufes poffible au commerce , a prefcrit les dimenfions de celles de capacité , qui feroient employées pour le fervice public ; elle a défigné les meilleures formes ; elle a arrêté que toutes feroient fur des dimenfions égales & relatives à leur grandeur , fuivant l'ufage auquel elles font deftinées ; toutes feront cilindriques. La hauteur de celles qui ferviront aux liquides , fera deux fois le diamètre ; & pour celles qui ferviront aux grains , la hauteur fera égale au diamètre. Cette uniformité de dimenfions relatives aux grandeurs , eft indifpenfable , fur-tout pour les matieres feches. Les Hollandais , qui font de grands fpéculateurs en grains , fe fervent de mefures très-baffes ; c'eft probablement parce que le grain y pefant moins fur lui-même , n'y entre pas en auffi grande quantité que fi les mefures étoient plus hautes. Sans uniformité relative dans les diamètres , il ne peut y avoir égalité dans le mefurage qui fe fait au comble , & il eft certains genres de marchandifes qui ne peuvent fe mefurer autrement.

Puifqu'inceffamment on s'occupera avec activité de la fabrication des mefures , leurs dimenfions intéreffe tout le monde , & l'on ne doit point à mon avis en différer l'étude ; j'en facilite ci-après les moyens , en offrant au Public un tableau auquel j'ai donné des développements, dont l'utilité fera bientôt fentie.

Je ne me fuis pas borné aux objets néceffaires au fervice des marchés ; j'ai confidéré qu'il y avoit beaucoup d'occafions qui néceffitoient des exceptions à la regle générale , telles que la nature des emplacements & le genre de commerce auquel les mefures ou même des cuves , des tonnes , des réfervoirs , des caiffes d'emballage , &c. étoient deftinées.

L'introduction des mefures nouvelles doit être confidérée , par rapport à leur fabrication , comme une branche effentielle de l'induftrie nationale , qui contribuera aux progrès des arts , en donnant des principes réguliers aux artifans. Combien d'ouvriers , fur-tout en France , travaillent-ils fans pouvoir rendre compte & fans favoir eux-mêmes au jufte ce qu'ils font ? Chaque canton , fouvent même chaque ouvrier , a fes dimenfions de routine, dont le réfultat n'a rien de fixe. La précifion eft cependant néceffaire, autant pour déterminer le prix du contenant que celui du contenu.

Il eft vrai qu'une marmite , par exemple , n'eft pas propre à livrer des marchandifes ; mais le commerce des marmites , comme tout autre, doit être foumis à des principes. Cela eft fi bien reconnu, qu'on les défigne par numéros , & que les numéros d'une Forge ou Fonderie , répondent à peu près à ceux des autres. Cependant ces numéros n'ont pas une proportion fuivie , relativement à la capacité des mefures , ni à leur poids. Suivant une note qui m'a été envoyée, le n°. 4 contient à peu près 4 pintes de Paris ; le n°. 9, 16 $\frac{1}{2}$; le n°. 20 , 46 ; & le n°. 108 en contient 115. Ne conviendroit-il pas mieux de défigner pofitivement les mefures par leur capacité , & leur qualité par un n°. qui indiqueroit, en décimillimètres , leur force par l'épaiffeur des matieres dont elles font faites ? enforte que, par 48 litres n°. 15 , par exemple , on exprimeroit une marmite contenant quarante-huit litres & de l'épaiffeur de quinze décimillimètres.

En admettant ce principe , il feroit facile de s'entendre fur la grandeur , la qualité & le poids des mefures.

Si on veut favoir , par exemple , la pefanteur du cuivre jaune néceffaire pour la confeétion de 350 mefures d'un décalitre chacune , de l'épaiffeur de 25 décimillimètres , il faut voir la table des dimenfions de cette mefure. On trouve , page 52, que la fuperficie du décalitre eft 0,2444 mètre. Il faut donc multiplier ce nombre par 350 ; le produit eft 86,64 , qu'il faut multiplier par 20 , parce qu'on trouve à la table des métaux laminés, que le mètre quarré en cuivre jaune , de l'épaiffeur de 25 décimillimètres , pefe 20 kilogrammes. Ce dernier produit fera de 1732,8 , par où on connoîtra qu'il faut 1732,8 kilogrammes de cuivre jaune pour faire 350 décalitres de l'épaiffeur de 25 décimillimètres.

Je donne douze tables des proportions des mefures , foit du ftère jufqu'au milliftère , ou du litre jufqu'au kilolitre. A ce moyen , chacune de ces tables eft univerfelle pour les dimenfions qu'elle marque , c'eft-à-dire , qu'elle fervira pour toutes les mefures auffi grandes ou *auffi petites que l'on voudra*. Par le moyen du déplacement de la virgule , qui , à chaque chiffre qu'elle franchit de gauche à droite , donne les dimenfions d'une capacité mille fois plus grande , d'un million pour deux chiffres , &c. ; & au contraire , à chaque chiffre qu'on la fait rétrograder de droite à gauche , il en réfulte les dimenfions d'une mefure mille fois plus petite.

Si on veut , par exemple , avoir les dimenfions d'une tonne de huit kilolitres , il faut , à la ligne des dimenfions de huit litres , page 51 , avancer la virgule d'un chiffre ; on aura , pour le diamètre du fond , 1795,31 ; diamètre du bouge , 2021,35 , & longueur , 2692,91.

Si on veut faire une boîte quarrée dont la longueur foit une fois & demie la largeur & la hauteur , & que fa capacité foit un décimilliftere , il faut , à la deuxieme table , prendre la ligne du déciftère (parce qu'il eft mille fois plus grand que le décimilliftére) & avancer la virgule d'un chiffre vers la gauche ; on aura , pour la largeur & la hauteur , 40,548 , & pour la longueur , 60,822 millimètres.

Outre les dimenfions des mefures , je donne la fuperficie de chacune ; elle fervira pour leur appréciation & pour la connoiffance de la quantité des matieres néceffaires à leur fabrication.

Ces fuperficies font prifes juftes en dehors , fans laiffer aucun recouvrement ni croifure d'une partie fur l'autre ; j'ai compté , pour le ftère , des planches de l'épaiffeur de 25 millimètres , & dans la même proportion pour toutes les mefures de même genre.

Pour les fonds des cylindres , j'ai calculé fur un quarré dont le côté feroit égal à leur diamètre , & le bas dépaffant le fond de deux épaiffeurs du bois.

Dans toutes les coupes , la perte inévitable du bois ou autre matiere , eft paffée en compte , afin que l'ouvrier ne puiffe perdre.

Toutes fois que l'on avance la virgule d'un chiffre fur les dimenfions linéaires des mefures , il faut l'avancer de deux chiffres fur celles des fuperficies , c'eft-à-dire , par exemple , que pour une tonne de huit kilolitres , ayant avancé la virgule d'un chiffre fur les dimen- fions linéaires de la ligne de huit litres , il faut l'avancer de deux chiffres fur les dimenfions fuperficielles , & l'on aura 26,37 mètres ; par la même raifon , pour une mefure mille fois plus petite , il faut rétro- grader la virgule de la fuperficie de deux chiffres vers la gauche , en ajoutant au befoin des zéros là où manqueroient des chiffres ; enforte qu'en rétrogradant , par exemple , de deux chiffres la virgule à la fuperficie de la boîte , d'un décimilliftère dont il eft parlé ci-deffus , elle fera de 0,014063 mètre.

Si l'on veut connoître la fuperficie d'un nombre quelconque de mefures , il faut multiplier la fuperficie d'une d'elles par le nombre que l'on veut s'en procurer. Je fuppofe que ce foient 150 litres , on trouve , page 52 , que la fuperficie du litre eft 0,0526 mètre ; en multipliant ce nombre par 150 , il vient 7,39 , par où l'on connoît que la fuperficie de 150 litres , eft 7,39 mètres.

Si , pour fe conformer à un emplacement , ou faire des mefures fur une hauteur donnée , on ne trouvoit pas les dimenfions convenables dans celles des mefures de capacité , on pourroit fe fervir de celles de fuperficie. Si l'on vouloit , par exemple , faire une tonne de trois kilolitres , fur la hauteur d'un mètre & demi , il faudroit prendre , à la page 22 , les dimenfions d'un cercle de 2 mètres , parce qu'une bafe de 2 fur la hauteur de $1\frac{1}{2}$, donne 3. Ainfi on fera , par de fembla- bles moyens , toutes les combinaifons dont on pourra avoir befoin.

MESURES CUBIQUES FERMÉES.

	Côtés.	Superficies.
STÈRE, ...	1000,000	6,3050
Neuf décistères, ...	965,490	5,8774
Huit décistères, ...	928,318	5,4335
Sept décistères, ...	887,904	4,9707
Six décistères , ...	843,433	4,4852
Cinq décistères, ...	793,702	3,9719
Quatre décistères , ...	736,806	3,4206
Trois décistères , ...	669,433	2,8044
Deux décistères , ...	584,804	2,1563
DÉCISTÈRE, ...	464,159	1,3584
Neuf centistères, ...	448,141	1,2604
Huit centistères , ...	430,887	1,1706
Sept centistères, ...	412,129	1,0709
Six centistères, ...	391,487	0,9830
Cinq centistères , ...	368,404	0,8557
Quatre centistères, ...	341,995	0,7374
Trois centistères, ...	310,723	0,6087
Deux centistères, ...	271,438	0,4650
CENTISTÈRE, ...	215 444	0,2927
Neuf millistères, ...	208,009	0,2728
Huit millistères, ...	200,000	0,2522
Sept millistères, ...	191,293	0,2307
Six millistères, ...	181,712	0,2082
Cinq millistères, ...	170,998	0,1844
Quatre millistères , ...	158,740	0,1589
Trois millistères , ...	144,225	0,1312
Deux millistères, ...	125,993	0,1000
MILLISTÈRE, ...	100,000	0,0631

PRISMES QUADRANGULAIRES FERMÉS,

Dont la longueur eſt une fois & demie la hauteur ou la largeur.

	Larg. & haut.	Longueurs.	Superficies.
STÈRE, ...	873,580	1310,370	6,5272
Neuf déciſtères , . .	843,433	1265,149	6,0848
Huit déciſtères , . .	810,961	1216,446	5,6253
Sept déciſtères , . . .	775,655	1163,482	5,1462
Six déciſtères , . . .	736,806	1105,209	4,6754
Cinq déciſtères , . .	693,361	1040,041	4,1120
Quatre déciſtères , .	643,659	965,488	3,5445
Trois déciſtères , . .	584,804	877,206	2,9253
Deux déciſtères , . .	510,873	766,309	2,2323
DÉCISTÈRE , .	405,480	608,220	1,4063
Neuf centiſtères , . .	391,487	587,231	1,3085
Huit centiſtères , . .	376,414	564,621	1,2120
Sept centiſteres , . .	360,028	540,042	1,1088
Six centiſtères , . . .	341,998	512,997	1,0000
Cinq centiſtères , . .	321,830	482,745	0,8858
Quatre centiſtères , .	298,760	448,140	0,7635
Trois centiſtères , . .	271,442	407,163	0,6303
Deux centiſtères , .	237,126	355,689	0.4810
CENTISTÈRE,	188,207	282,310	0,3030
Neuf milliſtères , . .	181,712	272,568	0,2823
Huit milliſtères , . .	174,716	262,074	0,2611
Sept milliſtères , . .	167,110	250,665	0,2389
Six milliſtères , . . .	158,740	238,110	0,2155
Cinq milliſtères , . .	149,380	224,070	0,1909
Quatre milliſtères , .	138,672	208,008	0,1645
Trois milliſtères , . .	125,992	188,988	0,1358
Deux milliſtères , . .	110,064	165,096	0,1036
MILLISTÈRE,	87,358	131,037	0,0653

PRISMES QUADRANGULAIRES FERMÉS,

Dont la longueur eſt deux fois la largeur ou la hauteur.

	Larg. & haut.	Longueurs.	Superficies.
STÈRE, ...	793,702	1587,404	6,7041
Neuf décistères, . .	766,311	1532,622	6,2494
Huit décistères, . .	736,808	1473,616	5,7774
Sept décistères, . . .	704,731	1409,462	5,2853
Six déciſtres, · . . .	669,433	1338,866	4,7693
Cinq décistères, . .	629,972	1259,944	4,2234
Quatre décistères, .	584,805	1169,610	3,6396
Trois décistères, . .	531,330	1062,660	3,0044
Deux décistères, . .	464,160	928,320	2,2927
DÉCISTÈRE, .	368,404	736,808	1,4457
Neuf centistères, . .	355,690	711,380	1,3433
Huit centistèret, . .	341,996	683,992	1,2447
Sept centîstères, . .	327,107	654,214	1,1387
Six centistères, . . .	310,724	621,448	1,0275
Cinq centistères, . .	292,402	584,804	0,9099
Quatre centistères', .	271,442	542,884	0,7841
Trois centistères, .	246,622	493,244	0,6473
Deux centistères, .	215,444	430,888	0,4940
CENTISTERE,	171,392	342,784	0,3126
Neuf millistères, . .	165,097	330,194	0,2900
Huit millistères, . .	158,740	317,480	0,2682
Sept millistères, . .	151,830	303,660	0,2453
Six millistères, . . .	144,225	288,450	0,2214
Cinq millistères, . .	135,721	271,442	0,1960
Quatre millistères, .	125,992	251,984	0,1689
Trois millistères, .	114,472	228,944	0,1395
Deux millistères, . .	100,000	200,000	0,1064
MILLISTÈRE,	79,370	158,740	0,0670

PRISMES QUADRANGULAIRES FERMÉS,

Dont la longueur est quatre fois la hauteur, ou deux fois la largeur.

	Hauteur.	Largeur.	Longueur.	Superficies.
STÈRE, ...	500,000	1000,000	2000,000	7,3550
Neuf décistères, . .	482,745	965,490	1930,980	6,8566
Huit décistères, . .	464,159	928,318	1856,636	6,3388
Sept décistères, . .	443,952	887,904	1775,808	5,7989
Six décistères, . . .	421,716	843,432	1686,864	5,2322
Cinq décistères, . .	396,850	793,700	1587,400	4,6337
Quatre décistères, .	368,403	736,806	1473,612	3,9931
Trois décistères, . .	334,716	669,432	1338,864	3,2963
Deux décistères, . .	292,401	584,802	1169,604	2,5155
DÉCISTÈRE. .	232,080	464,160	928,320	1,5847
Neuf centistères, . .	224,070	448,140	896,280	1,4772
Huit centistères, . .	215,444	430,888	861,776	1,3657
Sept centistères, . .	206,074	412,148	824,296	1,2495
Six centistères, . .	195,743	391,486	782,972	1,1273
Cinq centistères, . .	184,202	368,404	736,808	0,9983
Quatre centistères,	170,998	341,996	683,992	0,8603
Trois centistères, .	155,362	310,724	621,448	0,7100
Deux centistères, .	135,721	271,442	542,884	0,5420
CENTISTÈRE,	107,970	215,940	431,880	0,3430
Neuf millistères, . .	104,004	208,008.	416,016	0,3175
Huit millistères, . .	100,000	200,000	400,000	0,2942
Sept millistères, . .	96,647	193,294	386,588	0,2748
Six millistères, . .	90,856	181,712	363,424	0,2428
Cinq millistères, . .	85,499	170,998	341,996	0,2151
Quatre millistères, .	79,370	158,740	317,480	0,1854
Trois millistères, .	72,112	144,224	288,448	0,1530
Deux millistères, .	62,996	125,992	251,984	0,1168
MILLISTÈRE.	50,000	100,000	200,000	0,0735

MALLES.

Le deſſus eſt formé d'un arc de 60 degrés, qui a pour rayon la largeur de la Malle.

	Haut du bord.	Haut. du mil.	Largeurs.	Longueurs.	Superficies.
STÈRE, ...	580,527	715,268	870,790	1741,581	6,8328
Neuf déciſtères , .	559,209	690,588	838,814	1677,627	6,3694
Huit déciſtères , .	538,914	663,996	808,371	1616,742	5,8880
Sept déciſtères , .	515,452	635,090	773,178	1546,356	5,3868
Six déciſtères , . .	489,635	603,280	734,453	1468,905	4,8607
Cinq déciſtères , .	460,765	567,708	691,147	1382,295	4,3044
Quatre déciſtères ,	427,736	527,015	641,604	1283,208	3,6250
Trois déciſtères , .	388,624	478,824	582,936	1165,872	3,0392
Deux déciſtères. .	339,494	418,292	509,241	1018,482	2,3368
DÉCISTÈRE,	269,464	331,998	404,196	808,392	1,4721
Neuf centiſtères , .	260,160	321,280	390,240	780,480	1,3659
Huit centiſtères , .	250,142	308,200	375,213	750,426	1,2685
Sept centiſtères , .	239,252	294,782	358,878	717,756	1,1605
Six centiſtères , . .	227,321	280,012	340,982	681,963	1,0653
Cinq centiſtères , .	213,868	263,506	320,802	641,604	0,9273
Quatre centiſtères ,	198,538	244,618	297,807	595,614	0,7991
Trois centiſtères ,	180,384	222,250	270,576	541,152	0,6596
Deux centiſtères , .	157,580	194,154	236,370	472,740	0,5040
CENTISTÈRE,	125,071	154,100	187,607	375,213	0,3172
Neuf milliſtères , .	120,755	148,782	181,133	362,265	0,2956
Huit milliſtères , .	116,106	143,050	174,159	348,318	0,2733
Sept milliſtères , .	111,051	136,778	166,577	333,153	0,2500
Six milliſtères , . .	105,489	129,973	158,234	316,467	0,2256
Cinq milliſtères , .	99,268	122,308	148,902	297,804	0,1998
Quatre milliſtères ,	92,153	113,542	138,229	276,459	0,1722
Trois milliſtères ,	83,726	103,160	125,589	251,178	0,1422
Deux milliſtères , .	73,142	90,118	109,713	219,426	0,1084
MILLISTÈRE,	58,053	71,527	87,080	174,159	0,0683

BAHUTS.

Le deſſus eſt formé d'un arc de 60 degtés, qui a pour rayon la largeur du Bahut.

	Haut. du bord	Largeurs.	Longueurs,	Haut. du mil.	Superficies.
STÈRE, ...	747,449	896,938	1345,407	867,639	6,6523
Neuf déciſtères, .	721,655	865,986	1298,979	837,697	6,2000
Huit déciſtères, . .	693,870	832,644	1248,966	805,344	5,7333
Sept déciſtères, . .	663,663	796,396	1194,593	770,380	5,2447
Six déciſtères, . .	630,423	756,508	1134,762	731,812	4,7324
Cinq déciſtères, . .	593,251	711,901	1067,851	688,656	4,1907
Quatre déciſtères,	550,725	660,870	991,305	639,283	3,6091
Trois déciſtères, .	500,367	600,440	900,660	580,826	2,9590
Deux déciſtères, .	437,111	524,533	786,799	507,397	2,2751
DÉCISTÈRE,	346,935	416,322	624,483	402,722	1,4333
Neuf centiſtères, .	334,962	401,954	602,932	388,824	1,3299
Huit centiſtères, .	322,066	386,479	579,719	373,854	1,2351
Sept centiſtères, .	308,045	369,654	554,481	357,599	1,1299
Six centiſtères, . .	292,616	351,139	526,709	339,669	1,0372
Cinq centiſtères, .	275,363	330,436	495,653	319,641	0,9029
Quatre centiſtères,	255,624	306,748	460,123	296,728	0,7780
Trois centiſtères, .	232,250	278,700	418,050	269,596	0,6422
Deux centiſtères, .	203,015	243,618	365,427	235,660	0,4906
CENTISEÈRE,	161,033	193,240	289,859	186,928	0,3088
Neuf milliſtères, .	155,476	186,571	279,857	180,476	0,2878
Huit milliſtères, .	149,490	179,388	269,082	173,528	0,2661
Sept milliſtères, .	142,982	171,578	257,368	165,973	0,2434
Six milliſtères , . .	135,820	162,984	244,476	157,660	0,2197
Cinq milliſtères, .	127,812	153,374	230,062	148,364	0,1946
Quatre milliſtères,	118,650	142,380	213,570	137,729	0,1677
Trois milliſtères, .	107,801	129,361	194,042	125,135	0,1384
Deux milliſtères, .	94,173	113,008	169,511	109,316	0,1055
MILLISTÈRE,	74,745	89,694	134,541	86,764	0,0665

MESURES SPHÉRIQUES.

	Diamètre.	Superficies.
STÈRE, ...	1240,727	5,0816
Neuf décistères, ...	1197,910	4,7370
Huit décistères, ...	1151,785	4,3793
Sept décistères, ...	1101,620	4,0063
Six décistères, ...	1046,470	3,6150
Cinq décistères, ...	984,766	3,2013
Quatre décistères, ...	914,185	2,7569
Trois décistères, ...	830,584	2,2603
Deux décistères, ...	725,581	1,7380
DÉCISTÈRE, ...	575,896	1,0948
Neuf centistères, ...	556,020	1,0185
Huit centistères, ...	534,613	0,9435
Sept centistères, ...	523,250	0,8635
Six centistères, ...	484,621	0,7923
Cinq centistères, ...	457,099	0,6897
Quatre centistères, ...	424,323	0,5943
Trois centistères, ...	385,523	0,4906
Deux centistères, ...	336,785	0,3748
CENTISTÈRE, ...	267,300	0,2359
Neuf millistères, ...	258,082	0,2200
Huit millistères, ...	248,147	0,2033
Sept millistères, ...	237,343	0,1859
Six millistères, ...	225,455	0,1678
Cinq millistères, ...	212,161	0,1486
Quatre millistères, ...	196,953	0,1281
Trois millistères, ...	178,954	0,1057
Deux millistères, ...	156,322	0,0825
MILLISTÈRE, ...	124,073	0,0508

BARRILS ET FUTAILLES.

	Diam. du fond.	Diam. du bouge	Longueurs.	Superficies.
LITRE, ...	89,766	100,986	134,648	0,0659
Deux litres, ...	113,096	127,233	169,645	0,1046
Trois litres, ...	129,464	145,764	194,196	0,1370
Quatre litres, . . .	142,494	160,433	213,741	0,1662
Cinq litres , ...	153,496	172,683	230,244	0,1928
Six litres , ...	163,115	183,652	244,672	0,2177
Sept litres , ...	171,716	193,335	257,573	0,2413
Huit litres , ...	179,531	202,135	269,291	0,2637
Neuf litres , ...	186,720	210,232	280,080	0,2853
DÉCALITRE,	193,394	217,568	290,091	0,3060
Deux décalitres, . .	243,660	274,118	365,491	0,4858
Trois décalitres, . .	278,923	314,040	418,384	0,6366
Quatre décalitres, .	306,994	345,646	460,491	0,7712
Cinq décalitres , . .	330,706	372,044	496,059	0,8950
Six décalitres , . . .	351,420	395,666	527,131	1,0111
Sept décalitres , . .	369,950	416,528	554,925	1,1200
Huit décalitres . . .	386,788	435,487	580,182	1,2242
Neuf décalitres , . .	402,276	452,925	603,414	1,3242
HECTOLITRE,	416,652	468,733	624,978	1,4026
Deux Hectolitres, .	524,950	590,568	787,425	2,2551
Trois hectolitres . . .	599,920	676,579	901,381	2,9452
Quatre hectolitres , .	661,398	744,672	989,816	3,5796
Cinq hectolitres , . .	712,465	801,524	1068,699	4,1627
Six hectolitres , . . .	757,112	852,437	1135,669	4,7007
Sept hectolitres , . .	797,032	897,383	1195,650	5,2109
Huit hectolitres , . .	833,310	938,228	1249,965	5,6825
Neuf hectolitres , . .	866,678	975,797	1300,017	6,1468
KILOLITRE, . .	897,656	1009,863	1346,484	6,5940

MESURES CYLINDRIQUES DÉCOUVERTES,
POUR LES MATIERES SECHES, &c.

	Diam. & haut.	Circonférences	Superficies.
LITRE, ...	108,387	340,488	0,0526
Deux litres , . . .	136,559	428,986	0,0836
Trois litres, ...	156,322	491,068	0,1095
Quatre litres , . . .	172,054	540,491	0,1320
Cinq litres , ...	185,341	582,231	0,1539
Six litres , ...	196,953	618,706	0,1738
Sept litres , ...	207,338	651,330	0,1926
Huit litres , ...	216,775	680,976	0,2106
Neuf litres , ...	225,467	708,243	0,2278
DÉCALITRE, .	233,514	733,558	0,2444
Deux décalitres, . .	294,207	924,222	0,3879
Trois décalitres, . .	336,785	1057,975	0,5083
Quatre décalitres , .	370,680	1164,410	0,6158
Cinq décalitres , . .	399,303	1254,370	0,7145
Six décalitres , . . .	424,323	1332,960	0,8069
Sept décalitres , . .	446,696	1403,248	0,8943
Huit décalitres , . .	467,027	1467,138	0,9775
Neuf décalitres , . .	485,728	1525,858	1,0574
HECTOLITRE,	503,091	1580,410	1,1343
Deux hectolitres , .	633,854	1991,188	1,8006
Trois hectolitres , .	725,583	2279,340	2,3486
Quatre hectolitres , .	798,605	2508,737	2,8583
Cinq hectolitres, . .	860,270	2702,468	3,3166
Six hectolitres , . .	914,175	2871,786	3,7454
Sept hectolitres, . .	962,376	3023,206	4,1508
Huit hectolitres, . .	1006,180	3160,805	4,5372
Neuf hectolitres , .	1046,465	3287,379	4,9078
KILOLITRE, ,	1083,874	3404,882	5,2649

MESURES CYLINDRIQUES DÉCOUVERTES,
POUR LES LIQUIDES.

	Diamètres.	Hauteurs.	Circonférences.	Superficies.
LITRE, ...	86,027	172,054	270,245	0,0575
Deux litres , ...	108,387	216,774	340,488	0,0913
Trois litres , ...	124,073	248,145	389,761	0,1201
Quatre litres , . . .	136,559	273,119	428,988	0,1449
Cinq litres , ...	147,103	294,206	462,115	0,1681
Six litres , ...	156.322	312,643	491,068	0,1895
Sept litres , ...	164,564	329,128	516,962	0,2102
Huit litres , ...	172,054	344,108	540,492	0,2300
Neuf litres , ...	178,944	357,887	562,134	0,2488
DÉCALITRE ,.	185,340	370,680	582,231	0,2669
Deux décalitres , . .	233,514	467,028	733,558	0,4237
Trois décalitres , . .	267,390	534,780	839,717	0,5552
Quatre décalitres , .	294,209	588,417	924,228	0,6726
Cinq décalitres , . .	316,927	633,854	995,594	0,7805
Six décalitres , . . .	336,785	673,568	1057,976	0,8814
Sept décalitres , . . .	354,543	709,084	1113,760	0,9788
Huit décalitres , . .	370,680	741,358	1164,427	1,0677
Neuf décalitres , . .	385,522	771,044	1211,080	1,1548
HECTOLITRE,	399,303	798,606	1254,370	1,2390
Deux hectolitres , . .	503,090	1006,180	1580,410	2,0595
Trois hectolitres , .	575,895	1151,787	1809,115	2,5772
Quatre hectolitres , .	633,854	1267,705	1991,190	3,1221
Cinq hectolitres , . .	682,799	1365,598	2144,945	3,6229
Six hectolitres , . . .	725,582	1451,164	2279,342	4,0911
Sept hectolitres , . .	763,839	1527,678	2399,523	4,5342
Huit hectolitres , . .	798,605	1597,208	2508,740	4,9560
Neuf hectolitres , . .	830,584	1661,168	2609,200	5,3609
KILOLITRE , .	860,272	1720,544	2702,458	5,7509

MESURES CYLINDRIQUES DÉCOUVERTES.

	Diametres.	Hauteurs.	Circonférences	Superficies.
LITRE,......	136,560	68,280	428,986	0,0523
Deux litres, ...	172,054	86,027	540,491	0.0838
Trois litres, ...	196,953	98,477	618,706	0,1091
Quatre litres, ...	216,775	108,387	680,976	0,1319
Cinq litres , ...	233,514	116,757	733,558	0,1530
Six litres , ...	248,742	124,371	779,519	0,1736
Sept litres , ...	261,228	130,614	820,621	0,1915
Huit litres , ...	273,118	136,559	857,982	0,2094
Neuf litres , ...	284,054	142,027	892,327	0,2265
DÉCALITRE,	294,207	147,103	924,222	0,2430
Deux décalitres, ..	370,680	185,340	1164,410	0,3857
Trois décalitres, ..	424,323	212,161	1332,960	0,5054
Quatre décalitres, .	467,027	233,513	1467,138	0,6122
Cinq décalitres, ..	503,091	251,546	1580,410	0,7104
Six décalitres , ...	534,611	267,305	1679,430	0,8022
Sept décalitres, ..	562,798	281,399	1767,984	0,8891
Huit décalitres, ..	588,414	294,207	1848,445	0,9718
Neuf décalitres , ..	611,975	305,987	1922,460	1,0512
HECTOLITRE,	633,854	316,927	1991,188	1,1277
Deux hectolitres , .	798,605	399,303	2508,737	1,7900
Trois hectolitres , .	914;175	457,088	2871,786	2,3457
Quatre hectolitres ,	1006,180	503,090	3160,805	2,8417
Cinq hectolitres , .	1083,874	541,937	3404,822	3,2975
Six hectolitres , ..	1151,788	575,894	3618,210	3,7236
Sept hectolitres, ..	1212,511	606,256	3808,984	4,1266
Huit hectolitres, ..	1267,700	633,850	3982,352	4,5108
Neuf hectolitres , .	1318,460	659,230	4141,818	4,8793
KILOLITRE,..	1365,600	682,800	4289,860	5,2344

CUVETTES, BACQUETS ET CUVIERS.

	Diam. du fond.	Diàm. du bord.	Hauteurs.	Superficies.
LITRE, ...	117,858	137,501	78,572	0,0524
Deux litres , ...	148,491	173,239	98,994	0,0832
Trois litres , ...	169,981	198,311	113,321	0,1090
Quatre litres , . . .	187,088	218,269	124,725	0,1320
Cinq litres , ...	201,536	235,125	134,357	0,1534
Six litres , ...	214,163	249,856	142,775	0,1731
Sept litres , ...	225,455	263,030	150,304	0,1918
Huit litres , ...	235,717	275,001	157,144	0,2096
Neuf litres , ...	245,155	286,014	163,437	0,2273
DÉCALITRE,	253,919	296,238	169,279	0,2433
Deux décalitres , . .	319,923	373,244	213,282	0,3863
Trois décalitres , . .	366,213	427,239	244,142	0,5061
Quatre décalitres , .	403,070	470,247	268,713	0,6131
Cinq décalitres , . .	434,194	506,560	289,463	0,7115
Six décalitres , . . .	461,400	538,298	307,600	0,8034
Sept décalitres , . .	485,728	566,681	323,818	0,8904
Huit décalitres , . .	507,836	592,474	338,559	0,9732
Neuf décalitres , . .	528,171	616,198	352,114	1,0507
HECTOLITRE,	547,051	638,226	364,700	1,1300
Deux hectolitres , .	689,240	804,113	459,493	1,7928
Trois hectolitres , .	788,982	920,477	525,988	2,3492
Quatre hectolitres ,	868,387	1013,108	578,925	2,8457
Cinq hectolitres , .	935,443	1091,350	623,629	3,3023
Six hectolitres , . .	994,056	1159,728	662,703	3,7291
Sept hectolitres , . .	1046,464	1220,849	697,645	4.1318
Huit hectolitres, . .	1094,080	1276,000	729,400	4,5173
Neuf hectolitres , .	1137,910	1327,556	758,607	4,8865
KILOLITRE ,	1178,583	1375,014	785,722	5,2420

Comme la fabrication des mefures fe trouve dans beaucoup de mains auxquelles les premiers éléments de la géométrie font abfolument étrangers, j'ai cru utile de donner ci-après une explication fur la maniere d'en tracer la coupe. Je m'y fuis déterminé d'autant plus, qu'elle me fournit l'occafion d'offrir au Public un procédé nouveau & facile pour élever une perpendiculaire ; favoir :

Pour tracer la coupe d'un décilitre, dont la hauteur foit égale au diamètre, il faut, conformément à ce qui a été dit page 42, fe porter à la table IX, aux dimenfions de l'hectolitre, parce qu'il eft mille fois plus grand que le décilitre, & procéder comme fuit :

Tirer à volonté la ligne A. B.

Pofer à difcrétion le point C.

Autour de ce point C, couper la ligne en Z, & décrire l'arc D. E.

Toujours de la même ouverture de compas, à partir de l'interfection D, porter trois fois le rayon fur l'arc, & le couper en F.

Paffant par l'interfection Z. & par l'interfection F., mener la perpendiculaire V. G.

Trouvant que la hauteur de la mefure eft 50,3 millimètres (*a*), il faut ouvrir le compas fur ce nombre à l'échelle ci-contre, porter une pointe en Z, & de l'autre couper en H la ligne V. G.

Pour la circonférence, ouvrir le compas fur 158.

Du point H. décrire l'arc P. Q.

Du point Z. décrire l'arc L. M.

Remettre le compas fur 50,3, qui eft la hauteur, & du point Y décrire l'arc N. O.

Tirer la ligne H. X.

Tirer la ligne X. Y.

Le rectangle H. X. Y. Z. formera le corps de la mefure.

Ouvrir le compas fur la moitié du diamètre, qui eft 25,6.

Pofer à volonté une pointe en R., & décrire le cercle S. T. U., l'on aura le fond de la mefure.

(*a*) L'on néglige toutes les fractions moindres que le décimillimètre.

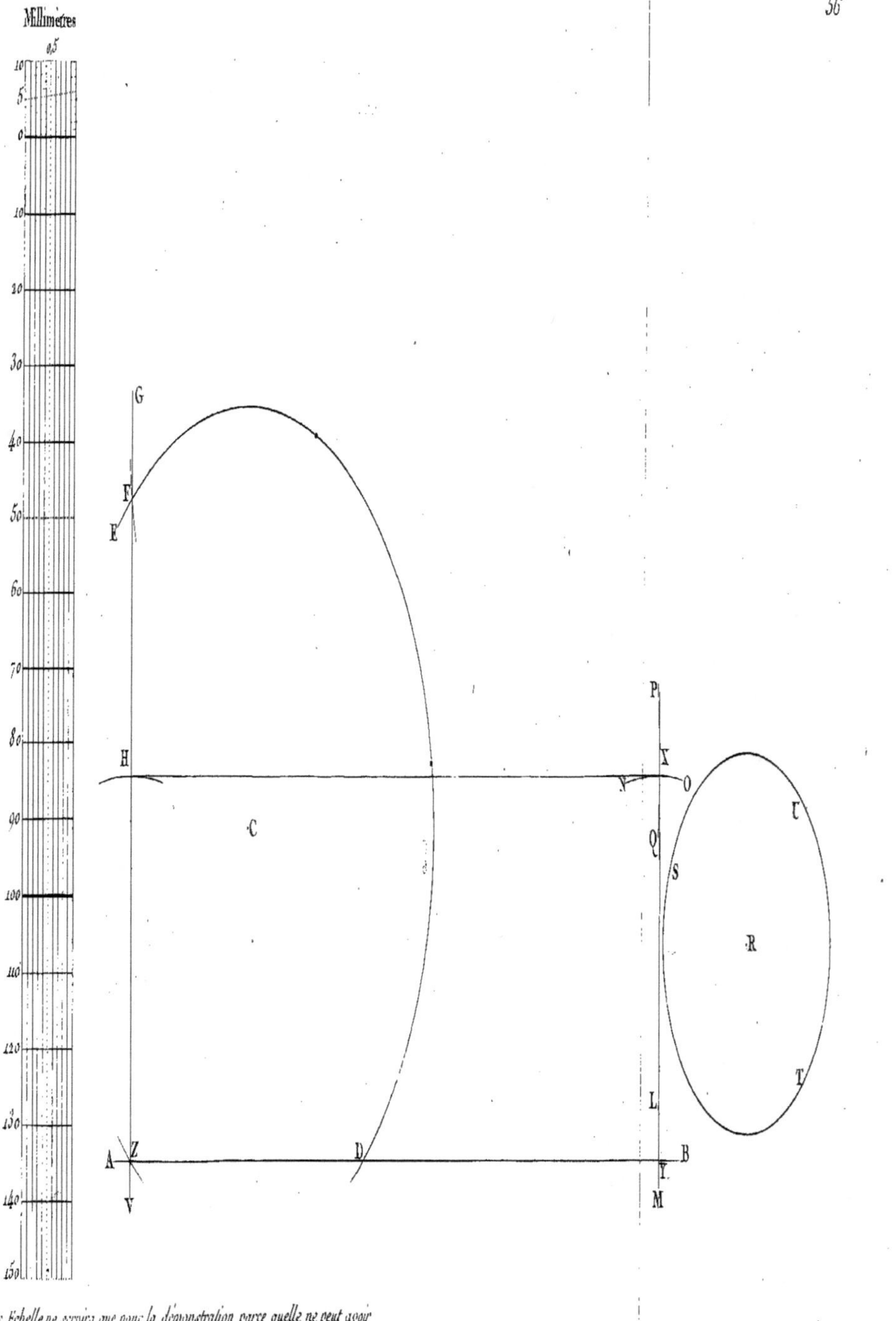

Celle Echelle ne servira que pour la démonstration parce quelle ne peut avoir
la précision de celle qu'il faudra se procurer pour la coupe des mesures.

CHAPITRE VII.

Des Poids.

LA Loi du 18 Germinal de l'an IIIe, défigne pour unité de poids le gramme, qui eſt la peſanteur d'un millionimètre-cube d'eau, ou à peu près un quart de gros ; mais il ne faut pas en conclure qu'il doive remplacer la livre, car il en réſulteroit les plus grands inconvéniens dont le nouveau ſyſtême puiſſe être frappé : ce ſeroit introduire, de rigueur, une très-grande élévation des nombres pour déſigner l'approviſionnement des choſes de premier beſoin , & la diviſion preſque à l'infini de l'unité monétaire pour en régler le prix. On demande, par exemple, ſix livres de pain, à deux ſols ſix deniers la livre. Le compte eſt facile à faire ; mais en admettant les grammes, il faudroit environ 3000 grammes, à 0,00025 franc. Il n'y a qu'un calculateur exercé qui puiſſe faire ce produit. Il ſuffit de cet expoſé pour démontrer l'impoſſibilité de ſubſtituer le gramme à la livre.

L'Agence des Poids & Meſures s'eſt très-bien expliquée ſur ce ſujet, en déſignant le kilogramme pour unité principale ; il convient à tous égards ; il eſt de la peſanteur d'un litre d'eau & d'un peu plus de deux livres , poids de marc. Il vaudroit mieux cependant avoir, pour exprimer l'unité ſimple, un nom qui ne fût pas un compoſé de mille. L'Agence a auſſi perfectionné cet article. En ſe reportant au travail de la Commiſſion , elle a porté la ſérie des poids juſqu'au tonneau, qui eſt de la peſanteur du mètre-cubique d'eau ; au lieu que la Loi du 18 Germinal, s'arrête au myriagramme, qui ne préſente que le poids d'une meſure intermédiaire.

Il faut affecter à chaque genre de commerce l'unité qui ſe rapproche le plus de ſes livraiſons ordinaires ; mais il ne faut pas trop multiplier ces unités , parce qu'elles chargeroient inutilement la mémoire des commerçants & compliqueroient les comptes. Je propoſe de réduire à trois ſortes les unités de poids ; ſavoir :

Le TONNEAU pour la marine, le roulage , les groſſes forges, &c.

Il eſt d'un peu plus de deux milliers , poids de marc ; il ſe diviſe en 10 quintaux ; le quintal , en 10 myriagrammes , & le myriagramme , en 10 kilogrammes.

Le KILOGRAMME , pour le commerce ordinaire de toutes les choſes qui ſe vendent à la livre : il peſe un peu plus de deux livres ; il ſe diviſe en 10 hectogrammes ; l'hectogramme , en 10 décagrammes , & le décagramme en 10 grammes.

Le GRAMME, pour la pharmacie & l'orfèvrerie : il peſe près de 19 grains ; il ſe diviſe en 10 décigrammes ; le décigramme , en 10 centigrammes , & le centigramme en 10 milligrammes.

Les poids intermédiaires peſent , ſavoir :

Le quintal , ... 204,438 liv. ou 204 $\frac{2}{7}$.
Le myriagramme, ... 20,444 idem ou 20 $\frac{1}{2}$.
L'hectogramme , ... 0,204 idem ou 3 onces 2 gros.
Le décagramme , ... 0,020 idem ou 2 gros 44 grains.

De la fabrication des Poids.

Pour faciliter la fabrication des poids , je donne ci-après les rapports des nouveaux poids avec les anciens.

RAPPORTS

ENTRE LES NOUVEAUX POIDS ET LES ANCIENS.

	Kilogram.	Livres.	Onces.	Gros.	Grains.
Millier, on ton. de mer,	1000	2044	6	0	40
Cent, ou quintal, . . .	100	204	7	0	4
Demi-quintal, ...	50	102	3	4	2
Quart de quintal (*a*), .	25	51	1	6	1
Double myriagramme,	20	40	14	1	44
Myriagramme, ...	10	20	7	0	58
Demi-myriagramme, .	5	10	3	4	29
Double kilogramme, .	2	4	1	3	26
Kilogramme, ...	1	2	0	5	49
Demi-kilogramme, . .	0,5	1	0	2	60,5
Double hectogramme,	0,2	. . . .	6	4	24,24
Hectogramme, ...	0,1	. . . .	3	2	12,12
Demi-hectogramme, .	0,05	. . . .	1	5	6,065
Double décagramme, .	0,02	. . . .	. . . .	5	16,82
Décagramme , ...	0,01	. . . .	. . . .	2	44,41
Demi-décagramme, . .	0,005	. . . .	. . . .	1	22,205
Double gramme, . . .	0,002	. . . .	. . . .	. . . .	37,682
Gramme, ...	0,001	. . . .	. . . .	. . . .	18,841
Décigramme , ...	0,0001	. . . .	. . . .	. . . .	1,8841
Centigramme, ...	0,00001	. . . .	. . . .	. . . .	0,18841

(*a*) Je ne donne le quart de quintal que pour mettre à profit la grande quantité des poids de 50 livres, dont le commerce est en possession , & non pour en fondre de nouveaux, parce que le quart ne s'accorde pas aussi bien avec la division décimale, que les doubles & les moitiés de chaque unité, dont le nouveau système est composé tels enfin qu'ils s'expriment tous avec les chiffres 1 , 2 ou 5, qui font les seuls nécessaires.

L'Agence des Poids & Mesures adopte de nouvelles formes pour les poids; mais, fans les prefcrire exclufivement, elle s'eft arrêtée à l'hexagone, pour les gros poids en fonte; & pour les petits, qui forment la divifion du kilogramme, eile a choifi le parallélipipede. Comme la forme des cônes tronqués, qui s'emboîtent les uns dans les autres, eft commode, j'en donne ci-après les dimenfions, pour les poids qui compofent la divifion du kilogramme. (*a*) Ces dimenfions font prifes en dehors, chacun des poids devant être évidé pour contenir jufte celui qui le précede. (*b*)

DIMENSIONS EXPRIMÉES EN MILLIMÈTRES.

	Diamètres		Hauteurs.
	Inférieurs	Supér.	
Un gramme, ...	8	10	1,860
Deux grammes, ...	10	13	3,436
Idem.	11	15	4,508
Cinq grammes, ...	13	18	6,361
Un décagramme, ...	15	21	9,444
Idem.	17	23	11,330
Deux décagrammes, ...	20	26	14,302
Cinq décagrammes, ...	24	32	19,368
Un hectogramme, ...	30	40	24,804
Idem, ...	34	45	29,162
Deux hectogrammes, ...	40	54	34,434
Cinq hectogrammes, ...	48	66	46,956

(*a*) Les Artiftes eftimeront la réduction qu'ils doivent faire éprouver au poids avec lequel ils voudront enfermer les autres pour en faire cette fermeture.

(*b*) Au moyen de la balance hydroftatique, j'ai reconnu que la pefanteurfpécifique d'un marc de la fabrique de Nuremberg, (que j'avois fermé hermétiquement, de maniere à empêcher l'eau d'entrer dans les interftices qui fe trouvent néceffairement dans fa divifion) je me fuis affuré, dis-je, que cette pefanteur eft 8,178, & j'ai calculé mes dimenfions d'après cette bafe.

CHAPITRE VIII.

*Du Mesurage mixte, ou de la combinaison du Poids avec
la Mesure.*

LA combinaison du poids avec la mesure est une des plus ingénieuses
conceptions de la métrologie ; elle consiste à désigner la qualité de
différents genres de marchandises, par la pesanteur d'une mesure quelconque.

Des Métaux.

La comparaison du poids d'un corps avec son volume, est un moyen
d'en connoître la qualité. Ce fut par ce moyen qu'Archimede découvrit
la quantité d'alliage qu'il y avoit dans une couronne d'or qu'un Orfêvre
avoit faite pour Hiéron, roi de Syracuse.

Ce grand Géomètre fit cette belle découverte au bain, en réfléchissant
qu'un corps plongé dans l'eau perd une quantité de son poids égal au
poids du volume d'eau qu'il occupe. On sait avec quels transports il
manifesta sa joie, en parcourant nud les rues de Syracuse, en s'é-
ctiant : je l'ai trouvé !

Un corps, quel que soit sa forme, est facile à mesurer avec la balance hydrostatique, ou seulement par la quantité d'eau qu'il déplace
dans un vase où on le plonge, pourvu que, dans ce vase, il y ait une
échelle qui marque la division de sa capacité en une mesure quelconque, comme le pied ou le mètre-cube, par exemple. L'eau montant à proportion de la grosseur des corps qui y sont plongés, en
marque le volume sur cette échelle. Ce corps étant de deux métaux
différents, l'on connoîtra la quantité qu'il y en a de chacun.

On sait, par exemple, que le pouce cube d'argent pese 0,425 livre, & que celui de cuivre n'en pese que 0,355. Il en résulte qu'un
alliage de deux pouces cubiques qui peseroit 0,780 livre, seroit composé de moitié argent & moitié cuivre. Comme la résolution de ce

problême eſt du reſſort des Mathématiques , je ne pourrois en donner aucune explication ſans ſortir de mon ſujet , qui ſe borne ſur cet article à indiquer les avantages de la combinaiſon du poids avec la meſure.

On vend les métaux au poids ; mais il faudroit , pour faciliter le commerce & l'emploi de ceux qui ſont filés ou laminés , déſigner d'une maniere claire & poſitive le diamètre des fils & l'épaiſſeur des laminages. Je propoſe de déſigner chaque groſſeur de fil par le nombre des décimillimètres de ſon diamètre , & chaque laminage par le nombre des décimillimètres de ſon épaiſſeur. Ainſi , par fil nᵒ. 5 , par exemple , il faudroit entendre un fil du diamètre de 5 décimillimètres ; & par laminage nᵒ. 8 , il faudroit entendre l'épaiſſeur de 8 décimillimètres.

Je donne ci-après , pour différents métaux , des tables comparatives de leur poids avec la longueur & la groſſeur des fils , & avec l'épaiſſeur & l'étendue des laminages qui en ſont faits. On trouvera pour chaque objet tous les rapports que l'on pourra deſirer entre le poids & la meſure.

On ne doit point conſidérer comme inutiles, les colonnes que je donne de la ſuperficie & du volume des fils; il eſt beaucoup d'occaſions dans leſquelles il eſt intéreſſant de connoître ces dimenſions. Un doreur , par exemple , qui ne dépenſe qu'en proportion des ſuperficies , doit connoître les rapporss qu'il y a entre celle des fils de différentes groſſeurs. Il trouvera , par exemple , que la ſuperficie d'une piece de 1000 mètres au nᵒ. 4, eſt 1,2565 mètres , & qu'elle eſt de 4,7121 mètres , pour la même longueur , au nᵒ. 15 ; & il eſt des ouvrages pour leſquels il eſt eſſentiel d'en connoître le volume.

Il convient de compoſer les pieces de fil de 10 , de 100 ou de 1000 mètres , ſuivant leur groſſeur; c'eſt-à-dire , que les pieces ſoient d'autant plus longues , que les fils ſont fins. Toutes les dimenſions de la table ſont relatives au mètre linéaire ; mais pour connoître la ſuperficie des pieces , il faut avancer la virgule d'un chiffre pour 10 mètres ; de deux chiffres pour 100 mètres , & de trois chiffres pour 1000. L'on peut enſuite rétrograder la virgule , ſi l'on veut compter par superficies plus grandes. Comme celles de la table expriment des décimillimètres , si on la rétrograde de deux chiffres vers la gauche, on aura des centimètres , & on aura des mètres si on la rétrograde de quatre.

E X E M P L E S.

FILS nᵉ. 6.   S U P E R F I C I E S.

	Décimillimètres.	Centimètres.	Mètres.
1 mètre.	18,8485	0,188485	0,0018848
10 dᵒ.	188,485	1,88485	0,0188485
100 dᵒ.	1884,85	18,8485	0,188485
1000 dᵒ.	18848,5	188,485	1,88485

Cette table n'est relative qu'au nᵒ. 6 ; mais il est facile d'en faire l'application à tous les autres , & de voir , par exemple , que la superficie de 100 mètres au nᵒ. 35 , est 1,099495 mètres , &c.

Par la même raison , si on vouloit savoir , à la table des métaux laminés', le poids d'une grandeur autre que celles qui y sont désignées , il faudroit changer la virgule de place. Si on vouloit, par exemple , savoir le poids du centimètre superficiel de plomb nᵒ. 25 , il faudroit rétrograder la virgule de deux chiffres , (parce que cette colonne exprime des mètres). On auroit 0,283 kilogramme. Si on vouloit, de ce poids , faire des grammes, on avanceroit la virgule de trois chiffres , & l'on auroit 283 ; on connoîtroit par-là que le centimètre superficiel de plomb nᵒ. 25 , pese 283 grammes.

Comme toutes les dimensions & pesanteurs de la table des fils de métaux sont relatives à des fils ou cylindres de la longueur d'un mètre, elles ont entr'elles des rapports uniformes. Cette table étoit susceptible d'être composée de différentes manieres , je me suis arrêté à celle qui m'a paru la plus convenable. J'ai composé les superficies avec des quarrés qui portent le même nom que les parties qui composent les diamètres. J'ai composé les volumes ou solidités du cube de ces superficies , ce qui donne des millionistères , & j'ai pris pour unité de poids le gramme , qui eſt la peſanteur d'un volume d'eau égal au millioniſtère. A ce moyen je n'ai , en volumes & en peſanteurs , que des fractions au commencement du tableau , qui , au lieu de millioniſtères, ne repréſentent que des billioniſtères & des milligrammes , au lieu de grammes. J'ai préféré cela à employer d'autres déſignations , qui auroient chargé mes colonnes d'un trop grand nombre de chiffres : je ne voulois d'ailleurs me ſervir que de meſures & de poids réguliers.

Cette table peut être modifiée , pour ſervir à d'autres combinaiſons que celles des fils ; mais les rapports que les colonnes ont entr'elles changent ſuivant les meſures dont on ſe ſert pour exprimer les diamètres. Chaque mètre de longueur donnera , ſuivant les meſures par leſquelles ſon diamètre ſera exprimé , toutes les autres proportions qui y correſpondent , conformément au tableau ſuivant :

Diamètres.	*Superficies* (a).	*Volumes.*	*Peſanteurs.*
Décimillimètres.	Décimillimètres.	Millioniſtères. .	Grammes.
Millimètres. . .	Millimètres. . .	Décimilliſtères..	Hectogrammes.
Centimètres. . .	Centimètres. . .	Centiſtères. . .	Miriagrammes.
Décimètres. . .	Décimètres. . .	Stères.	Tonneaux.

On voit que cette table eſt applicable à une infinité de calculs. On y trouve , par exemple , qu'une barre de fer de cinq centimètres de diamètre , donne , pour la longueur de chaque mètre , un volume de 0,196 centiſtères & une peſanteur de 1,5 myriagrammes. On trouve auſſi qu'une colonne dont le diamètre eſt 1 mètre ou 10 décimètres , & là hauteur 10 mètres , eſt un volume de 7,85 ſtères , dont la ſuperficie eſt 31,4141 mètres. Je ſais qu'il faut de l'attention pour ſaiſir tous ces rapports ; mais pourroit-on en refuſer pour l'intelligence d'une table de comptes faits ſur un ſujet nouveau , qui d'ailleurs offre tant d'avantages comparativement au ſyſtême qu'il remplace.

On trouve dans cette table des fils de métaux , une combinaiſon pour faire , avec économie & facilité , des poids inférieurs. Si l'on

---

(a) Les chiffres qui expriment les ſuperficies en meſures quarrées , expriment les circonférences en meſures linéaires.

prend le fil de laiton n°. 4 , chaque millimètre donne un milligramme. Si on prend le n°. 40 , chaque centimètre donne un gramme , le décimètre un décagramme , &c.

EXEMPLES

Sur les propriétés des tables des métaux filés & laminés.

L'on veut favoir combien il en coûtera pour creufer & maçonner un puits dont le diamètre eft de 15 décimètres , la profondeur de 80 mètres ; le prix, pour le creufer, 8 francs le ftère ; & pour le maçonner, 15 francs le mètre fuperficiel.

Chaq. mètre de long. donne fuiv. la 1re Table au n°. 15, . 1,767 ftères.
      Profondeur , ... 80 mètres.

        141,360
       à . . . . . 8 francs.

   Total , ... 1130,880 francs

pour creufer le puits.

Chaque mètre de longueur donne , fuivant la même Table , 47,1212 décimètres fuperficiels , ou . . . . 4,712 mètres.
    Profondeur , ... 80

    Superficie , ... 376,960 mètres ,
      à . . . . 15 francs.

       1884800
       376960

Total du prix de la maçonnerie, . . 5654,400
Prix du creufage , ... 1130,880

Total du prix du puits, ... 6785,280 francs.

Sur l'art du Fontainier.

Pour favoir combien il en coûtera pour un conduit en plomb, de la longueur de 625 mètres, de l'épaiffeur de 2 millimètres , donnant un volume d'eau de 12 millimètres de diamètres, à raifon de 1,6 francs le kilogramme de plomb.

Comme il faut ajouter l'épaiffeur du conduit au volume d'eau , le diamètre fera 16 millimètres.

La fuperficie de chaque mètre de longueur , page 67 , eft
de . . . . 50,2626 millimètres.

Longueur du conduit , ... 625 mètres.

31414,1250 fuperficie totale.

Ou . . . . 31,414 mètres.
Multiplier par le poids du métre , p. 68 , ... 22,64 kilogrammes.

Total du poids du plomb , . . . 711,21296 kilogrammes,
à . . . . 1,6 francs.

Total , ... 1137,940736 , ou 1137 francs
94 centimes.

Je n'ai donné le détail de ces comptes , que pour mieux figurer l'ufage
que l'on peut faire des tables. Il eft aifé de voir qu'ils peuvent être
fimplifiés , en négligeant beaucoup de fractions qui font de peu de conféquence : ces comptes pourroient même être faits de mémoire , fans
éprouver d'erreurs fenfibles. Ces tables pourront , comme on voit ,
fervir à réfoudre une infinité de problêmes intéreffants fur les fuperficies & fur les colonnes , &c.

FILS DE MÉTAUX.

Les diamètres & les superficies sont exprimés en décimillimètres, les volumes en millionistères, & les pesanteurs en grammes ; le tout sur la lougueur d'un mètre.

PESANTEURS.

Diam. ou Nos	Superficie.	Volumes.	Or fin,	Argent fin.	Cuiv. roug. de Suede.	Laitou.	Fer.	Diam. ou Nos
1	3,1414	0,008	0,154	0,093	0,069	0,063	0,060	1
2	6,2828	0,031	0,616	0,374	0,276	0,250	0,240	2
3	9,4242	0,071	1,388	0,842	0,620	0,565	0,540	3
4	12,5656	0,126	2,468	1,496	1,104	1,000	0,961	4
5	15,7070	0,196	3,856	2,338	1,724	1,570	1,500	5
6	18,8485	0,283	5,552	3,367	2,478	2,261	2,161	6
7	21,9899	0,385	7,557	4,583	3,378	3,078	2,941	7
8	25,1313	0,503	9,871	5,986	4,415	4,021	3,842	8
9	28,2727	0,636	12,493	7,576	5,587	5,089	4,862	9
10	31,4141	0,785	15,423	9,353	6,898	6,282	6,000	10
12	37,6970	1,131	22,209	13,469	9,912	9,046	8,645	12
14	43,9797	1,539	30,229	18,331	13,513	12,313	11,768	14
15	47,1212	1,767	34,701	21,045	15,488	14,134	13,507	15
16	50,2626	2,011	39,483	23,948	17,660	16,082	15,367	16
18	56,5452	2,545	49,970	30,305	22,358	20,354	19,451	18
20	62,8282	3,141	61,692	37,414	27,591	25,129	24,014	20
25	78,5351	4,908	96,393	58,459	43,111	39,264	37,522	25
30	94,2424	7,069	138,825	84,187	61,953	56,544	54,035	30
35	109,9495	9,621	188,931	114,580	84,456	76,957	73,542	35
40	125,6566	12,566	246,766	149,655	110,367	100,000	96,066	40
45	141,3630	15,903	312,315	189,408	139,682	127,215	121,571	45
50	157,0707	19,634	385,573	233,836	172,445	157,055	150,000	50
60	188,4848	28,275	555,224	336,725	247,812	226,160	216,125	60
70	219,8989	38,482	755,620	458,180	337,824	307,828	294,168	70
80	251,3131	50,263	987,065	598,622	441,469	402.062	384,223	80
90	282,7270	63,614	1249,254	757,631	558,727	508,860	486,282	90
100	314,1414	78,535	1542,222	935,323	689,776	628,208	600,320	100

MÉTAUX·LAMINÉS.

L'épaiſſeur eſt exprimée en décimillimêtres. La peſanteur du centimètre ſuperficiel d'or & d'argent, eſt exprimée en grammes, & celle du mètre ſuperficiel des autres métaux, eſt exprimée en kilogrammes.

PESANTEURS.

Epaiſ. ou Nos	Or fin.	Argent fin.	Cuiv. roug. de Suede.	Cuiv. jaun.	Plomb.	Fer.	Epaiſ. ou Nos
1	19,638	11,900	0,878	0,800	1,132	0,764	1
2	39,276	23,800	1,756	1,600	2,264	1,528	2
3	58,914	35,700	2,634	2,400	3,396	2,292	3
4	78,552	47,600	3,512	3,200	4,528	3,056	4
5	98,190	59,500	4,390	4,000	5,660	3,820	5
6	117,828	71,400	5,268	4,800	6,792	4,584	6
7	137,466	83,300	6,146	5,600	7,924	5,348	7
8	157,104	95,200	7,024	6,400	9,056	6,112	8
9	176,742	107,100	7,902	7,200	10,188	6,876	9
10	196,380	119,000	8,780	8,000	11,320	7,644	10
12	235,656	142,800	10,536	9,600	13,584	9,168	12
14	274,932	166,600	12,292	11,200	15,848	10,696	14
15	294,570	178,500	13,170	12,000	16,980	11,460	15
16	314,208	190,400	14,048	12,800	18,112	12,224	16
18	353,484	214,200	15,804	14,400	20,376	13,752	18
20	392,760	238,000	17,560	16,000	22,640	15,280	20
25	490,950	297,500	21,950	20,000	28,300	19,100	25
30	589,140	357,000	26,340	24,000	33,960	22,920	30
35	687,330	416,500	30,730	28,000	39,620	26,740	35
40	785,520	476,000	35,120	32,000	45,280	30,560	40
45	883,710	535,500	39,510	36,000	50,940	34,380	45
50	981,900	595,000	43,900	40,000	56,600	38,200	50
60	1178,280	714,000	52,680	48,000	67,920	45,840	60
70	1374,660	833,000	61,460	56,000	79,240	53,480	70
80	1571,040	952,000	70,240	64,000	90,560	61,120	80
90	1767,420	1071,000	79,020	72,000	101,880	68,760	90
100	1963,800	1190,000	87,800	80,000	113,200	76,440	100

Des Grains.

Hors les cas d'humidité , les grains font en général d'autant meilleurs qu'ils font pefants. A Amfterdam , Dantzick & autres marchés du Nord , les grains fe vendent à la mefure , mais l'on en défigne les qualités par leurs pefanteurs fpécifiques ; c'eft comme fi l'on défignoit à Paris par 240 , la qualité de bled qui pefe 240 livres le fetier. Il eft aifé de concevoir tout l'avantage de cette maniere d'apprécier les grains , fur-tout pour les affaires qui fe traitent par correfpondance. Cette combinaifon & les facilités qu'elle donne pour le commerce des grains , ont contribué fans doute à la profpérité de celui d'Amfterdam , qui a , en quelque forte , placé le grenier de l'Europe en Hollande , quoiqu'il n'y croiffe point de bled.

Il n'eft point à ma connoiffance que cette maniere de défigner la qualité des grains par leur pefanteur fpécifique , foit pratiquée en France. Cette pratique feroit très-difficile , à caufe de la diverfité des poids & mefures ; mais il n'y a point de doute qu'elle ne foit faifie avec empreffement lors de l'introduction du nouveau fyftême. N'eft-il pas du plus grand intérêt pour le Boulanger , par exemple , qui vend fon pain à la livre , de favoir le poids du bled qu'il marchande ?

La maniere que j'eftime la plus convenable pour exprimer la qualité des grains par leur pefanteur , eft le nombre des kilogrammes formant le poids de l'hectolitre. Ainfi , par le n°. 72 , l'on exprimeroit une qualité de grains dont l'hectolitre peferoit 72 kilogrammes. Je donne la préférence à l'hectolitre & aux kilogramme , parce que ce font de tous les poids & mefures qui compofent notre nouveau fyftême , ceux qui conviennent le mieux au commerce , & ceux auffi qui approchent le plus des poids & mefures de toute l'Europe.

Pour fervir de gouverne fur cette maniere d'apprécier les grains , voici une table de la pefanteur de différentes efpeces : cette table au furplus , en donnant le nombre des kilogrammes de la pefanteur de l'hectolitre , donne en même-temps celui des myriagrammes , du kilolitre , des décagrammes , du litre , &c.

L'on peut faire au mélange des grains l'application du procédé par lequel on connoît la valeur intrinſeque des alliages des métaux. Si un mélange d'avoine & d'orge, par exemple, peſe 57,2 kilogrammes l'heƈolitre, l'on connoît qu'il y a deux cinquiemes d'avoine & trois cinquiemes d'orge; & ſi l'avoine vaut 12 francs & l'orge 21, cela met le mélange à 17,4 francs.

PESANTEURS SPÉCIFIQUES DES GRAINS.

	Poids du ſetier de Paris, en livres p. de m.	Poids de l'heƈolitre en kilogrammes.
Avoine, ...	146,3	47.
Bled, ...	236,5 (a)	76.
Chanvre, ...	158,7	51
Feves, ...	247,4	79.5
Feves de marais, ...	199,2	64.
Lentilles, ...	247,7	79.6
Lin, ...	196,4	63.1
Luzerne, ...	224,	72.
Maïs, ...	186,7	60.
Millet, ...	210,4	67.6
Orge, ...	199,2	64.
Pois gris, ...	240,5	77,3
Proids verds, ...	270,4	86,9
Rabette, ...	203,2	65,3
Riz, ...	250,5	80,5
Sarrazin, ...	202,3	65
Seigle, ...	218,1	70,1
Senevé, ...	210,4	67,6
Trefle, ...	238,7	76,7
Véſce, ...	245,8	79.

(a) On eſtime ordinairement le poids du ſetier de Paris à 240 livres. Cette qualité cependant eſt la premiere du pays de Caux. Pour ma précédente édition, je m'étois réglé ſur une qualité de la campagne du Neufbourg, qui peſoit encore près de ſix livres de moins le ſetier.

ROMAINE ou
POIDS - MESURE POUR LES GRAINS.

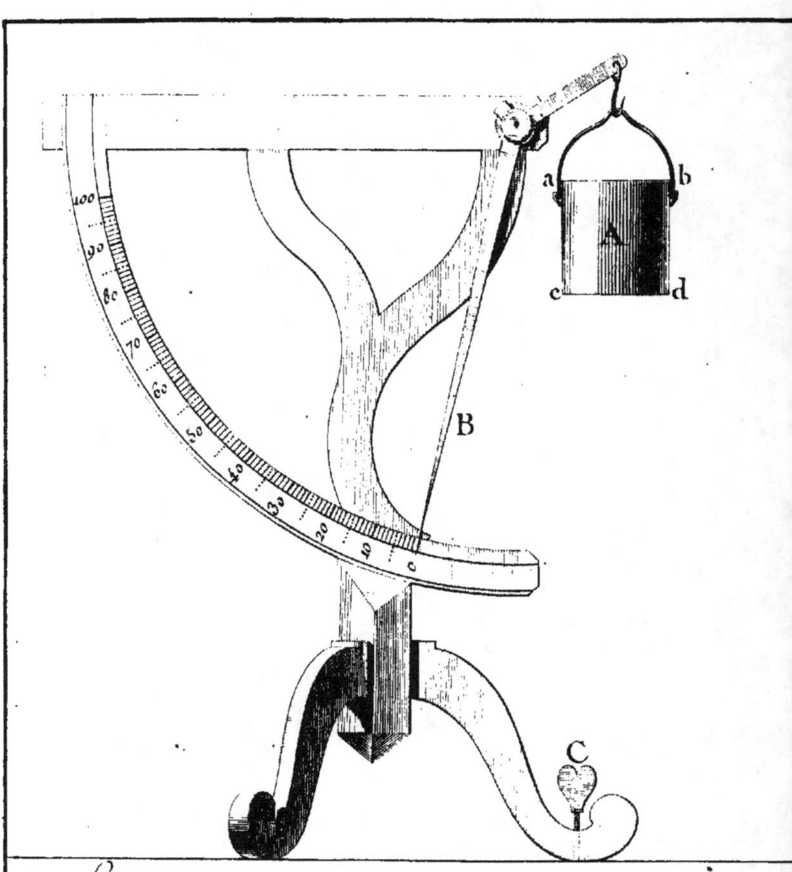

A. *Litre*.

B. *Aiguille marquant en Kilogrammes la pesanteur d'un hectolitre de Grain, de telle espece que ce soit, dont le Litre est rempli.*

C. *Vis servant a mettre le poids mesure de niveau, ce qui se reconᵗ quand l'aiguille marque zero, ayant seulement pour contrepoids le Litre vuide.*

Moisy Sᶜᵗ

De la Romaine ou Poids-Mesure.

L'Agence temporaire des Poids & Mesures, qui s'occupe de l'établiſſement du nouveau ſyſtême, & de le rendre auſſi avantageux qu'il peut être au commerce , m'ayant témoigné le deſir d'avoir un poids-meſure pour les grains (ou inſtrument qui ſoit en même-temps poids & meſure) , je lui en ai fait exécuter un dont je donne le deſſin ci-contre.

Ce plan étant géométral , ne laiſſe appercevoir que deux pieds des trois ſur leſquels cet inſtrument eſt porté. La longueur de l'aiguille eſt de 420 millimètres , celle du bras de levier qui tient le crochet, 90 , & le poids du tout , 600 grammes.

Le poids du litre eſt de 200 grammes.

L'aiguille & ſon contre-poids réunis , ſont portés par un tourillon.

Pour graduer cette romaine , il faut imbiber ſeulement l'arc avec de la colle d'amidon , & coller deſſus un papier que l'on plonge dans l'eau , afin de le mieux tendre. Quand il a ſeché , on y croche le litre , & on met la machine de niveau. L'on poſe zéro à la pointe de l'aiguille ; on met enſuite 5 décagrammes dans le litre , & on marque 5 ; & de 5 en 5 décagrammes l'on continue de marquer juſqu'au kilogramme , qui marque cent. Les diviſions intermédiaires peuvent ſe poſer à vue d'œil & par approximation.

C'eſt la romaine qui ſert pour claſſer les fils , qui m'a donné l'idée de celle que j'ai faite pour les grains. Celle pour les fils ne devant pas ſervir à une peſanteur au - delà de deux hectogrammes , ſera beaucoup plus petite : la longueur de l'aiguille pour peſer les pieces entieres , ſera de 22 centimètres. Son poids , avec les deux bras formant le T , ſera de 60 grammes.

La romaine pour les fils , devant être diviſée ſur les parties aliquotes du kilogramme , il faut que le bras du crochet ne forme qu'un angle de 90 degrés , au lieu de 135 que forme l'ouverture de celui du poids-meſure à l'uſage des grains. Cette différence eſt né ceffaire , parce que la graduation de celui-ci eft toute oppofée à celle de l'autre , en ce qu'elle commence par les nombres inférieurs vers le haut de l'arc , & que la numération s'éleve en le defcendant. Il n'eft pas poffible d'efpacer la divifion pour les fils auffi également que celle des grains , à caufe de la grande différence qu'il y a entre les parties aliquotes des nombres inférieurs à celles des nombres fupérieurs. Il y a , par exemple , différence de 125 grammes entre 4 & 8 , & il n'y en a que 1,19 de 56 à 60. Le levier ne peut donc être trop long pour les nombres fupérieurs , ni trop court pour les nombres inférieurs. Je fis exécuter cette romaine en 1768. Celles dont on fe fervoit alors dans nos filatures , & dont l'ufage n'eft pas entierement abandonné , ont , au lieu de levier , une poulie qui a pour centre la tête de l'aiguille , & autour de laquelle eft une gorge qui reçoit une ficelle à laquelle pend baffin qui fait un contre - poids à l'aiguille , comme le litre en fait un à celle du poids-mefure pour les grains : mais cette ficelle pefant toujours à la même diftance du centre , occafionne une telle différence entre les efpaces des divifions inférieures & celles des divifions fupérieures , que la même romaine ne peut fervir à des numéros très-écartés l'un de l'autre ; la pratique en eft d'ailleurs moins commode.

A défaut de la romaine , qui n'eft faite que pour expédier plus promptement , l'on pourra pefer dans des balances ordinaires un litre de grain ; le nombre des décagrammes qu'il pefera indiquera le nombre des kilogrammes de la pefanteur de l'hectolitre : & à l'égard des fils, on en pefera une piece , & l'on en comparera le poids avec ceux de la table ci-après pour en favoir le nᵒ.

Cette table fervira à graduer les romaines pour les fils ; mais comme l'on ne pourra y accrocher les poids ainfi que l'on y accroche les pieces de fil , il faudra avoir pour les recevoir un baffin de la pefanteur d'un décagramme , & déduire ce décagramme du poids néceffaire pour chaque divifion , de forte que ce baffin feul fuffira pour le nᵒ. 100.

PARTIES ALIQUOTES DU KILOGRAMME.

N	grammes.	N	grammes.
4	250	48	20,83
5	200	52	19,23
6	166,6	56	17,85
8	125	60	16,66
10	100	64	15,62
12	83,33	68	14,7
16	62,5	72	13,88
20	50	76	13,15
24	41,66	80	12,5
28	35,71	84	11,9
32	31,25	88	11,36
36	27,77	92	10,87
40	25	96	10,41
44	22,72	100	10

Des Fils de lin, de coton, &c.

La claſſification des fils par l'indication de leur longueur dans un poids donné, eſt encore plus néceſſaire que celle des grains par le poids d'une meſure quelconque, à cauſe de la différence qui regne dans les degrés de fineſſe des fils. Les différences entre les longueurs des fils de lin & de coton qui ſe filent dans le Département de la Seine inférieure, par exemple, peuvent être eſtimées de 4000 à 20000 aunes dans une livre poids de marc, ce qui répond environ de 10000 à 48000 mètres au kilogramme.

Il y a long-temps que la combinaiſon du poids avec la meſure des fils eſt pratiquée dans les principales filatures de France, & c'eſt en partie à cet avantage que les manufactures de Lille, Saint-Quentin, Valenciennes, Sédan, Louviers, Elbeuf, &c. ſont redevables du degré de profpérité auquel elles font parvenues , pendant que tant d'autres font reftées dans un état de médiocrité dont elles pourroient fortir avec les mêmes moyens. La diverfité des poids & mefures met auffi à la claffification des fils une foule d'obftacles que l'introduction du nouveau fyftême fera difparoître.

La défignation convenable pour la fineffe des fils , eft le nombre de pieces de 1000 mètres qui doivent compofer le kilogramme. Ainfi par le n°. 20 l'on entendra un degré de fineffe tel qu'il y ait 20000 mètres de fil pour faire le poids d'un kilogramme, ou , ce qui revient au même , 20 mètres pour faire le poids du gramme. Cette derniere mefure fera bonne pour échantillonner.

D'après des recherches fuivies fur les motifs qui ont pu déterminer la mefure des fils , comparativement à leur poids , j'ai penfé qu'il étoit queftion d'une combinaifon telle que le n°. 20 , par exemple , s'employaffe pour la fabrication des étoffes compte en 20.

Le dévidoir anglais qui a été apporté dans le nord de la France il y a environ 50 ans , donne 840 verges, qui compofent la piece de fil. Une livre de n°. 20 , contient donc 16800 verges. Mais ce dévidoir a généralement été modifié en France , & les pieces portées à 700 aunes, au lieu de 647 , qui répondent à 840 verges d'Angleterre. Le n°. 20 fut donc compofé de 14000 aunes ; en cet état le n°. s'accordoit bien avec le compte des toiles de coton de Rouen , parce que le n°. 20 fe trouvoit de la groffeur néceffaire pour la toile compte en 20 , pour laquelle il faut 2000 fils en chaîne fur la largeur d'une aune. Ce régulateur auroit été très-bon, fr , à compte égal , il falloit pour toutes les étoffes des fils de même groffeur ; mais au contraire , il y en a pour lefquelles le n°. 20 auroit fait des comptes en 30 , & d'autres pour lefquelles il n'auroit fait que des comptes en 16. Ce motif me porta à propofer , en 1790, le dévidoir de 1000 aunes , qui me parut plus propre au commerce des étoffes , & plus avantageux à la filature , en fimplifiant une infinité de calculs relatifs à la conftruction des fyftêmes & au mécanifme du filage. L'adoption qui a été faite de ce dévidoir dans le plus grand nombre de filatures de ce pays , en prouve la bonté.

Des Papiers.

J'ai parlé des papiers au Chapitre des Mesures de superficies ; il ne me reste donc qu'à expliquer la maniere d'en désigner la qualité, par le degré de force de chaque espece. Je propose le nombre de grammes de la pesanteur d'un mètre quarré. Ainsi, par n°. 60, par exemple, on désigneroit une qualité dont le mètre quarré peseroit 60 grammes.

Pour la facilité du commerce & de la classification des papiers, chaque rame, quelle que fût la grandeur des feuilles, devroit être composée d'un nombre de feuilles nécessaires au complément rigoureux de 100 mètres superficiels, avec l'indication du nombre d'hectogrammes qu'elle pese, parce que ce nombre seroit aussi celui des grammes de la pesanteur du mètre ; enforte que par n°. 60, par exemple, l'on indiqueroit une qualité de papier dont le mètre pese 60 grammes. Celui sur lequel j'écris est au n°. 100 ; il me coûte 25 francs la rame de 500 feuilles ; elle contient 140 mètres. Le prix proportionnel seroit 0,18 francs, c'est-à-dire, 3 sols 4 den. le mètre, ou 18 francs la rame de 100 mètres.

GRAVITÉS SPÉCIFIQUES
DE DIFFÉRENTES MATIERES.

Le poids du ftère ou kilolitre & exprimé en tonneaux ; celui du milliftère ou litre , en kilogrammes ; & celui du millioniftère , en
grammes.

Acier trempé ,	7,849
Alun ,	1,718
Ambre ,	1,040
Antimoine d'Allemagne ,	4,000
Idem d'Auvergne ,	4,858
Idem de Hongrie ,	4,615
Ardoife bleue ,	3,500
Argent fin ou de coupelle ,	11,000
Bierre ,	1,019
Bois de brefil ,	1,030
Idem de buis ,	1,030
Idem de cèdre ,	0,613
Idem chêne (cœur de) , bois de 60 ans ,	1,170
Idem d'érable fec ,	0,755
Idem de frêne fec ,	0,800
Idem de gayac ,	1,337
Idem de génievre ,	0,556
Idem de hêtre ,	0,854
Idem de laurier ,	0,549
Idem de pin ,	0,430
Idem de prunier fec ,	0,663
Idem de Sainte-Lucie ,	0,550
Idem de fapin ,	0,550
Charbon de terre ,	1,240
Cire jaune ,	0,995
Cuivre jaune ou laiton ,	8,000
Idem rouge du Japon ,	9,000
Idem rouge de Suede ,	8,784

Cryſtal d'Irlande,	2,720
Idem de roche,	2,650
Diamant,	3,400
Eau de pluie ou à la température de la glace fondante,	1,000
Idem bouillante,	0,963
Idem de mer,	1,030
Idem diſtillée,	0,993
Idem de puits,	0,999
Eau forte,	1,300
Idem double,	1,341
Idem Régale,	1,234
Ebéne,	1,177
Etaim,	7,470
Emeraude,	2,777
Emeril de l'Iſle de Naxos,	3,067
Idem de Normandie,	3,038
Encens,	1,071
Fer,	7,644
Gomme adragant,	1,333
Idem arabique,	2,375
Huile de canelle,	1,035
Idem de cumin,	0,975
Idem de gérofle,	0,986
Idem de lin,	0,930
Idem de muſcade,	0,948
Idem de navette,	0,919
Idem de noix,	0,934
Idem d'olive,	0,913
Idem d'orange,	0,888
Idem de romarin,	0,934
Idem de thérébentine,	0,871
Idem de vitriol,	1,700
Idem d'hyſope,	0,986
Lait de femme,	1,020

Idem de vache ,	1,032
Liége,	0,240
Litharge d'argent ,	6,044
Idem d'or ,	6,000
Marbre blanc d'Italie ,	2,707
Marne de Marly ,	2,448
Mercure doux ,	13,382
Miel ,	1,450
Mine de fer des Pyrenées ,	4,171
Myrthe ,	1,250
Noix de cocos ,	1,333
Idem de galle ,	1,034
Or de coupelle ,	19,638
Idem de ducat ,	18,259
Idem de guinée ,	18,886
Idem de louis ,	18,164
Pierre à aiguifer , de Loraine ,	3,288
Idem à fufil ,	2,641
Plomb ,	11,324
Terre à pipes de Rouen ,	3,088
Idem favonneufe ,	2,094
Topafe ,	2,712
Idem fauffe ,	4,270
Verre de bouteilles ,	2,664
Idem blanc ou de cryftal ,	3,150
Vin de Bourgogne ,	0,992
Idem de Canaries ,	1,033
Idem d'Orléans ,	0,996
Vinaigre ordinaire ,	1,017
Yvoire ,	1,872
Zing ,	7,106

CHAPITRE IX.

Des Monnoies.

IL y a de deux fortes de monnoies ; favoir, les monnoies idéales ou imaginaires, dont on fe fert ordinairement pour la tenue des écritures & pour les opérations de changes, & les monnoies effectives, qui fervent pour les paiemens. L'ufage des monnoies imaginaires eft plus ancien que l'art du monnoyeur. Autrefois on donnoit, ainfi que je l'ai déjà expliqué, un poids quelconque de métaux bruts, pour effectuer un paiement : de-là viennent les noms de livre, d'once, de grains, &c. que portent encore aujourd'hui beaucoup de nos monnoies imaginaires.

Le monnoyage auroit dû faire difparoître les monnoies imaginaires, & chaque fyftéme monnétaire auroit dû être compofé de pieces ou monnoies effectives. Cependant en France, par exemple, nous comptons par livres, & aucunes de nos pieces n'ont de rapport direct avec le poids d'une livre, la valeur d'aucuns de nos métaux n'eft d'une livre ou d'un franc la livre, & nous n'avons même pas de pieces de la valeur d'une livre. Il en eft de même en Angleterre, où l'on a fi peu d'égards à la convenance de faire cadrer les monnoies effectives avec les monnoies imaginaires, qu'on y fabrique des pieces d'or de 1 livre fterling $\frac{1}{20}$, au lieu d'une livre jufte. En Efpagne on change & on tient les écritures en doublons ou piftoles, en *pefos* ou piaftres, en ducats & en maravédis. Cependant l'Efpagne n'a aucunes de ces pieces effectives ; elle en a du même nom, mais dont la valeur eft d'un tiers fus ; favoir, des *doublons* en or & des *pefos fuertes* en argent, ce qui veut dire poids forts, & ce poids n'a aucun rapport avec le poids d'Efpagne. A Naples, il y a des pieces d'or appellées onces, & des pieces de cuivre appellées grains, & ces pieces n'ont point de rapports avec les poids du pays. En Allemagne & dans le Nord, on compte beaucoup par ducats. En Italie, en Turquie, &c. on compte par fequins, & par-tout il y a complication de ces pieces effectives avec les monnoies imaginaires. En Hollande, par exemple, le ducat vaut 5 florins $\frac{1}{4}$; en Saxe, 2 rixdalers $\frac{3}{4}$; à Florence, le fequin vaut 13 liv. 6 fols 8 den., & il vaut 22 liv. à Venife. Il eft aifé de concevoir de tout cela que le fyftême monnétaire de l'Europe, eft fufceptible d'une grande amélioration.

Les monnoies d'Italie fubirent une belle réforme il y a environ vingt ans. La diverfité des états qui compofent cette contrée, & la fréquence des relations commerciales qui exiftent entre leurs habitans, avoient fait craindre quelqu'embarras pour l'exécution de ce projet. Les gens à préjugés & les petits marchands crierent beaucoup. Cependant on fe familiarifa avec la nouvelle monnoie, & ce fut l'affaire d'un jour. Une cuifiniere auroit eu honte de ne favoir compter fuivant la gride; (c'eft ainfi que l'on appelle cette monnoie). Notre nouveau fyftême métrique aura le même fort, quant aux moyens d'exécution; car il eft encore plus aifé de changer de mefures que de changer de monnoies.

Ne conviendroit-il pas, pour couronner le travail de la Commiffion des Poids & Mefures, de fondre le fyftême monnétaire dans le fyftême métrique? ne feroit-ce pas même un moyen de plus de porter les autres nations à l'adopter? Alors je propoferois, pour unité monnétaire, le gramme d'or au degré d'alliage néceffaire pour le faire valoir jufte, notre écu de trois livres, conformément à ce qui eft ordonné par la Loi du 28 Thermidor, an IIIe. Nous aurions dès-à-préfent des pieces d'argent de 1, de 2, de 4 & de 5 décimes, d'un & de deux écus (cette dénomination eft bonne à conferver); des pieces d'or de 4, de 8 & de 16 écus. Au lieu de ces centimes, qui font des monnoies imaginaires, nous pourrions avoir des centimes effectives, dont la valeur feroit à peu près fept deniers de notre monnoie actuelle, & même des millimes en cuivre. C'eft de notre écu que nous nous fervons pour changer avec tous les pays étrangers auxquels nous donnons le pair, & c'eft de toutes nos monnoies celle qui fe rapproche le plus des monnoies européennes; il eft, à très-peu de chofe près, le ducat d'Efpagne, la piaftre de turquie & la creufade de Portugal, toutes monnoies de change très-connues en Europe. Si on le compare aux florins, aux rixdalers, aux roubles, aux piaftres, &c. on trouvera qu'il en approche beaucoup plus que notre franc. Nous pour-

rions avoir des pieces d'or de 5 & de 10 écus qui porteroient avec précifion nos poids & favoriferoient dans l'étranger notre nouveau fyftême. Il feroit beau alors de voir, de proche en proche, tous les habitans de la terre réunis par un fyftême, qui donneroit au commerce
une langue univerfelle, & opéreroit le contraire de ce que fit la folie
des hommes, qui vouloient élever une tour jufqu'au ciel.

La **Commiffion** a voulu conferver notre livre ou franc actuel pour
unité de monnoie ; mais cette unité actuelle s'arrange cependant fi
bien avec notre fyftême nouveau, qu'il eft décreté qu'il fera fabriqué
des pieces d'or du poids de dix grammes & de la valeur de trente
francs, & des pieces d'argent de la valeur d'un franc & du poids de
cinq grammes, &c. Voilà donc le gramme d'or à trois francs, &
celui d'argent à deux décimes ou quatre fols de notre monnoie actuelle, & nos nouveaux poids circulant avec notre monnoie.

Le franc fe divife en 10 décimes ; le décime, en 10 centimes, & le
centime en 10 millimes.

> Le franc vaut 1 livre.
> Le décime 2 fols.
> Le centime 2,4 deniers, ou $2\frac{2}{5}$.
> Le millime 0,24 deniers, ou $\frac{1}{4}$.

TABLE

Pour convertir les fols & deniers de la livre tournois en fractions du franc, c'eſt-à-dire, en décimes, centimes & millimes.
Au premier chiffre après la virgule font les décimes, au fecond les centimes, & au troifieme les millimes.

Sols.	Deniers.			Deniers.			Deniers.			Deniers.		
	0	1	2	3	4	5	6	7	8	9	10	11
0	0,000	0,004	0,008	0,013	0,017	0,021	0,025	0,029	0,033	0,037	0,042	0,046
1	0,050	0,054	0,058	0,063	0,067	0,071	0,075	0,079	0,083	0,087	0,092	0,096
2	0,100	0,104	0,108	0,113	0,117	0,121	0,125	0,129	0,133	0,137	0,142	0,146
3	0,150	0,154	0,158	0,163	0,167	0,171	0,175	0,179	0,183	0,187	0,192	0,196
4	0,200	0,204	0,208	0,213	0,217	0,221	0,225	0,229	0,233	0,237	0,242	0,246
5	0,250	0,254	0,258	0,263	0,267	0,271	0,275	0,279	0,283	0,287	0,292	0,296
6	0,300	0,304	0,308	0,313	0,317	0,321	0,325	0,329	0,333	0,337	0,342	0,346
7	0,350	0,354	0,358	0,363	0,367	0,371	0,375	0,379	0,383	0,387	0,392	0,396
8	0,400	0,404	0,408	0,413	0,417	0,421	0,425	0,429	0,433	0,437	0,442	0,446
9	0,450	0,454	0,458	0,463	0,467	0,471	0,475	0,479	0,483	0,487	0,492	0,496
10	0,500	0,504	0,508	0,513	0,517	0,521	0,525	0,529	0,533	0,537	0,542	0,546
11	0,550	0,554	0,558	0,563	0,567	0,571	0,575	0,579	0,583	0,587	0,592	0,596
12	0,600	0,604	0,608	0,613	0,617	0,621	0,625	0,629	0,633	0,637	0,642	0,646
13	0,650	0,654	0,658	0,663	0,667	0,671	0,675	0,679	0,683	0,687	0,692	0,696
14	0,700	0,704	0,708	0,713	0,717	0,721	0,725	0,729	0,733	0,737	0,742	0,746
15	0,750	0,754	0,758	0,763	0,767	0,771	0,775	0,779	0,783	0,787	0,792	0,796
16	0,800	0,804	0,808	0,813	0,817	0,821	0,825	0,829	0,833	0,837	0,842	0,846
17	0,850	0,854	0,858	0,863	0,867	0,871	0,875	0,879	0,883	0,887	0,892	0,896
18	0,900	0,904	0,908	0,913	0,917	0,921	0,925	0,929	0,933	0,937	0,942	0,946
19	0,950	0,954	0,958	0,963	0,967	0,971	0,975	0,979	0,983	0,987	0,992	0,996

TABLE

Pour convertir les fractions décimales du franc, en sols & deniers.
Chaque décime étant de deux sols exactement, je n'en fais point de Table.

Millim.		Millim.		Millim.		Millim.		Millim.		Millim.		Millim.		Millim.		Millim.		Millim.	
0		1		2		3		4		5		6		7		8		9	
S.	D.	S.	D.	S.	D.	S.	D.	S.	D.	S.	D.	S.	D.	S.	D.	S.	D.	S.	D.
			1/4		1/2		3/4		1		1 1/5		1 2/5		1 2/3		2		2 1/5
	2 3/5		2 4/9		2 2/3		2 7/8		3 1/3		3 3/5		3 4/5		4		4 1/3		4 1/2
	4 4/5		5		5 1/4		5 1/2		5 3/4		6		6 1/4		6 1/2		6 3/4		7
	7 1/5		7 1/2		7 3/4		8		8 1/5		8 2/5		8 2/3		8 3/4		9 1/8		9 2/5
	9 3/5		9 5/6		10 1/5		10 2/5		10 3/5		10 4/5		11		11 1/4		11 1/2		11 3/4
1		1	0 1/4	1	0 1/2	1	0 3/4	1	1	1	1 1/5	1	1 1/2	1	1 3/4	1	2	1	2 1/5
1	2 2/5	1	2 3/5	1	2 1/5	1	3	1	3 1/4	1	3 3/5	1	3 3/4	1	4	1	4 1/4	1	4 1/2
1	4 4/5	1	5	1	5 1/4	1	5 1/2	1	5 3/4	1	6	1	6 1/4	1	6 1/2	1	6 3/4	1	7
1	7 1/5	1	7 1/2	1	7 3/4	1	8	1	8 1/5	1	8 2/5	1	8 3/5	1	8 4/5	1	9 1/8	1	9 2/5
1	9 3/5	1	9 4/5	1	10	1	10 1/4	1	10 1/2	1	10 3/4	1	11	1	11 1/4	1	11 1/2	1	11 3/4

CHAPITRE X.

Des Changes.

LES changes font de deux genres différents ; l'un fe fait en effence, & confifte à échanger des monnoies effectives contre d'autres, & peut être confidéré comme un courtage, qui fe borne fouvent à changer les efpeces des voyageurs, & de les tranfmettre, moyennant un très-petit bénéfice, de la main de celui qui quitte un pays, dans la main de celui qui va y entrer.

Les voyageurs recherchent ordinairement l'or, à caufe de la facilité du tranfport ; cependant cette confidération doit quelquefois céder à des fpéculations combinées fur la valeur de ce métal comparé à l'argent,

Toutes les évaluations des monnoies font faites d'après des matieres pures & de métal à métal, c'eft-à-dire, l'or comparé à l'or, & l'argent comparé à l'argent, & fans y compter l'alliage.

Le prix moyen de l'once d'or en Europe, eft environ 100 francs ; & celui de l'argent, 7 francs, le tout poids & monnoie de France ; ce qui fait qu'à poids égal, l'or vaut environ 14 fois $\frac{1}{2}$ autant que l'argent. Mais cette proportion varie fuivant les pays, conformément au tableau que j'en donne ci-après. On voit, par exemple, par ce tableau, que l'or vaut en France $14,\frac{127}{1000}$ fois autant que l'argent, & qu'il en vaut $16,\frac{110}{1000}$ en Portugal ; ce qui fait une différence de 12 à 14 pour cent au préjudice de celui qui apporteroit de l'or de Portugal en France. En effet, fi un voyageur apporte en France une portugaife d'or de 12800 rès courants, il la vendra (a) 85 liv. 11 fols 11 den. Cependant il auroit pu avoir, pour cette même

---

(a) Je parle toujours des valeurs intrinfeques. Il eft bon de favoir que 4155,915 grains d'or pur font livrés en France au public, en valeur numéraire, pour 720 liv., & 4175,828 grains d'argent pur, pour 49 liv. 16 fols. Il faut encore favoir qu'il y a dans une portugaife 494,09 grains d'or pur, & dans une creufade neuve 255,5 grains d'argent pur.

portugaife, 32 creufades neuves d'argent de 400 rès , qu'il auroit
vendues en France 3 liv. 11 deniers la piece ; ce qui auroit produit
97 liv. 9 fols 4 deniers, au lieu de 85 liv. 11 fols 11 deniers qu'il
a reçu pour fon or.

PRIX DE L'OR,

Comparé à celui de l'argent , exprimé par le nombre de fois que
l'or vaut l'argent à poids égal.

Angleterre , .	15,229	Naples , . . .	14,500
Autriche , . .	14,028	Portugal , . .	16,510
Berlin , . . .	13,371	Piémont , . .	14,552
Efpagne , . .	16,227	Rome , . . .	15,093
France , . . .	14,527	Ruffie!, . . .	13,973
Gênes , . . .	14,613	Tofcane , . .	14,517
Genève , . . .	14,595	Venife , . . .	14,682
Hollande , . .	14,468	Zurich , . . .	14,037
Milan , . . .	14,586		

Les changes par correfpondance , que l'on nomme banque , font
un commerce de débits & de crédits fur divers pays , & de revi-
remens les uns fur les autres , pour balancer , fans déplacement
d'efpeces, les envois qui fe font réciproquement d'un pays dans un
autre.

La banque eft une des plus heureufes combinaifons du commerce,
puifque fans cette invention, un négociant de Rouen , par exemple , qui
achete du chanvre à Pétersbourg , feroit obligé d'y en envoyer la valeur
en numéraire. Les frais de tranfport , joints aux rifques du voyage,
occafionneroient des frais énormes , que dans beaucoup d'occafions
les marchandifes ne feroient pas en état de fupporter. C'eft donc par
le moyen du Banquier que le Marchand de Rouen fait payer fon
chanvre à Pétersbourg par celui qui a reçu dans Pétersbourg des
draps ou autres marchandifes de Rouen. Voilà donc le Marchand de
Rouen & celui de Pétersbourg affranchis , moyennant une petite

rétribution, des frais que leur occafionneroit l'envoi de leurs efpeces & la privation de leurs capitaux pour le temps qu'exigeroit le
voyage. Si l'on réfléchit d'ailleurs fur la quantité du numéraire que
néceffiteroient tous les paiements à l'Etranger , s'ils étoient faits en
nature, fans le fecours de la banque , l'on trouvera que ce qui en
exifte ne fuffiroit pas au dixieme des affaires qui fe traitent annuel-
lement, & l'on conviendra que l'extenfion du commerce, qui pour-
voit à nos befoins , eft due à l'invention des changes.

Comme mon intention n'eft de parler des changes que relativement
à la différence des monnoies , je n'entrerai dans aucuns détails. Je
ne puis cependant me difpenfer d'expliquer ce que l'on entend par
les mots de balance , de certain, d'incertain, de pair, de perte &
de gain.

La balance d'un pays fur un autre , eft le réfultat de la différence
des valeurs des exportations & importations réciproques. Si la France ,
par exemple , envoie pour 40 millions de marchandifes à Hambourg ,
& qu'elle n'en reçoive que pour 30, il y a balance de 10 millions
en faveur de la France fur Hambourg. La balance générale d'un pays
réfulte de la compenfation de la valeur de toutes les fournitures qu'il
fait en pays étranger avec ce qu'il en reçoit. Si la France , par exemple , exporte pour 600 millions à l'étranger , & qu'elle n'en importe
que pour 500 , la balance du commerce eft de 100 millions en fa
faveur , & c'eft vraiment un avantage , parce que définitivement
cette balance doit être foldée en métaux , & enrichir le pays.

L'on appelle certain la monnoie invariable de laquelle on fe fert
pour changer d'un pays fur un autre ; & incertain celle qui varie
fuivant les circonftances. La France, par exemple, donne le certain
à Londres , parce qu'elle change toujours un écu contre plus ou
moins de deniers fterlings , & elle donne l'incertain à l'Efpagne ,
parce qu'elle donne plus ou moins de fa monnoie pour avoir une
piftolle de ce pays.

Le change eft au pair lorfque l'on change réciproquement contre
les mêmes valeurs réelles. La France change au pair avec l'Efpagne ,

lorſque la piſtolle d'Eſpagne ſe négocie à 14 liv. 11 ſols. (*a*) La France perd ſi le change eſt à 15, & elle gagne s'il eſt à 14.

Toute lettre de change tirée ſur un pays étranger, doit être conſidérée comme de la marchandiſe dont le prix varie ſuivant les beſoins, comparés avec l'abondance du même papier qui ſe trouve ſur la place. La valeur fixe d'un tel effet ne peut même être déterminée rigoureuſement, à cauſe de la différence qu'il y a de la valeur de l'argent à celle de l'or dans un pays comparé à un autre, & auſſi parce que celui qui paie a le choix du métal. Celui, par exemple, qui eſt porteur, en France, d'une lettre de 105 livres ſterlings ſur l'Angleterre, peut la vendre plus ou moins de deniers ſterling pour un écu, & il eſt obligé de ſe conformer au cours; mais s'il la fait recevoir pour ſon compte, & qu'il en faſſe venir le montant, il recevra moins s'il eſt payé en or que s'il eſt payé en argent, parce que l'or eſt plus cher en Angleterre qu'en France. Le paiement en or ſeroit effectué au moyen de 100 guinées, dont la valeur en France eſt 2493 liv. 6 ſols 8 deniers, ou 831 écus & 6 ſols 8 den. La lettre étant de 25200 deniers, cela fait 30 deniers $\frac{1}{3}$ pour un écu. (*b*) Le même paiement en argent ſe feroit avec 420 écus ou couronnes, qui valent en France 6 liv. 4 ſols 5 den.; ce qui produiroit 2612 liv. 15 ſols, ou 870 écus $\frac{11}{12}$. La lettre étant, comme j'ai dit, de 25200 deniers, cela fait 29 den. pour un écu.

Suppoſons à préſent une lettre de 800 écus ſur Paris, dans les mains d'un Banquier de Londres; s'il la fait recevoir pour ſon compte, il aura 100 louis en or ou 800 écus en argent. Les 100 louis donnent 13850 grains d'or pur, qui valent à Londres 10 liv. 10 ſols 1 den. ſterling, ou 24262 deniers; ce qui fait 30 $\frac{1}{3}$ pour un

---

(*a*) C'eſt dans la ſuppoſition où le paiement ſera effectué en or, ainſi que cela eſt préſumable, puiſqu'en Eſpagne l'or eſt plus cher que l'argent en proportion de la valeur de ces deux métaux en France, & qu'aſſez généralement dans chaque pays les paiements ſe font avec le métal qui y eſt à un prix plus haut que dans les pays voiſins : car ſi le paiement d'une lettre de France ſur l'Eſpagne étoit effectué en argent, le pair ſeroit à 16 liv. 8 ſols 9 deniers.

(*b*) Il y a dans une guinée 143,912 grains d'or pur, & dans une couronne ou écu 521,85 grains d'argent pur. Voyez au ſurplus la note de la page 84.

écu. Les 800 écus étant payés en argent, fourniroient 201245 grains de matiere pure, qui valent en Angleterre 96 liv. 8 sols 4 deniers sterling, ou 23140 deniers; ce qui fait 29 deniers pour un écu. On voit, par ces explications, que le pair du change entre la France & l'Angleterre est toujours de 30 ⅓ deniers sterling pour un écu, si le paiement est fait en or, & 29 s'il est effectué en argent.

Il y a des pays qui ont de deux sortes de monnoies, savoir, monnoie courante & monnoie de banque. C'est encore un sujet d'étude pour ceux qui changent. A Amsterdam, par exemple, on paie plus ou moins de florins courants pour 100 florins de banque ; mais comme cette derniere monnoie varie, je ne parlerai que des monnoies courantes ; je laisserai au Changeur le soin de les réduire en monnoies de banque suivant le cours. Il y a des pays aussi où l'or n'a point de valeur fixe comparativement à l'argent ; il ne peut donc y avoir d'estimation fixe dans la différence du change entre ces deux matieres : alors je ne ferai mention que de l'argent.

Une table du pair des changes est utile au commerce, mais le pair doit être exprimé conditionnellement & subordonné à la nature des paiements ; c'est sur ce principe que je rédige la table qui suit.

Dès le commencement de cette table, on trouvera une grande différence sur le pair du change entre l'or & l'argent ; il est question du change d'Espagne sur la Hollande ; & on sentira par-là de quel intérêt peut être cette table pour les Banquiers, qui calculent les chances de la hausse ou de la baisse du cours des changes. Ces calculs d'ailleurs ne sont pas étrangers à la politique des gouvernements, puisque c'est par la balance du commerce que l'on sait si la grande famille gagne plus qu'elle ne dépense, & si elle amasse au lieu de s'appauvrir.

Plusieurs personnes croiront difficilement à la différence de 51,4 à 58; mais pour la prouver, je vais en faire le compte & applanir les difficultés du calcul, nécessaire pour ceux qui voudront s'en assurer par eux-mêmes. Je commence par donner le prix & le poids des matieres qui composent les monnoies des deux nations qui changent. (a)

____

(1) Je parle toujours de matieres pures & du poids de France.

Il y a 459,52 grains d'argent dans une piaftre forte d'Efpagne, qui vaut 20 réaux de vellon. Idem 113,28 grains d'or dans un doublon, qui vaut 80 réaux. Le ducat eft une monnoie imaginaire, qui vaut 11 réaux.

Il y a 261,325 grains d'argent dans un daalder de Hollande, qui vaut 60 deniers de gros ; idem 63,63 grains d'or dans un ducat du même pays, qui vaut 210 deniers de gros.

Le ducat d'Efpagne, changé en or pour 51,4 deniers de gros, produit 15,574 grains d'or ; & comme il en entre 113,28 dans un doublon de la valeur de 80 réaux, il en réfulte que cette quantité de 15,575 produira 11 réaux, qui eft la valeur du ducat.

Le ducat d'Efpagne, changé en Hollande pour 58 deniers de gros en argent, en produira 252,7 grains ; & comme il en entre 459,5 dans une piaftre forte d'Efpagne de la valeur de 20 réaux, cette quantité de 252,7 grains, eft une valeur de 11 réaux, qui eft auffi celle du ducat d'Efpagne. Ceci d'ailleurs cadre parfaitement avec la table que j'ai donnée des valeurs de l'or comparé à l'argent, page 85.

J'ai fait une erreur, en comptant le marc d'or monnoyé à 720 livres, au lieu de 768 qu'il a été fixé en 1785 ; cela m'a obligé à recommencer cette table. Sur ce pied, l'or pur vaut en France 15,495 fois autant que l'argent. Au lieu de 14,527 que je l'ai eftimé, page 85, & il eft à préfent plus cher qu'en Angleterre. Ainfi, le contraire de ce qui eft dit page 87, arriveroit pour le change entre ces deux pays. Cet exemple cependant, qui n'eft que pour pofer un principe, n'en eft pas moins concluant, puifqu'on peut l'appliquer à un autre pays, tel que celui qui vient enfuite, relativement au change entre l'Efpagne & la Hollande.

Comme toutes les évaluations des mefures, poids & monnoies, font faites en argent, tout le préjudice de cette erreur eft fur l'évaluation des pieces d'or étrangeres en monnoie de France ; & pour y remédier, j'en donnerai une autre table à la fin de cet ouvrage, fuivant le prix actuel.

J'obferverai cependant, que la nouvelle fabrication ayant lieu, au terme de la Loi du 28 Thermidor, an IIIe, les prix des pieces d'or étrangeres fe rapprocheront beaucoup de ceux auxquels je les ai portés ; car il y eft dit, qu'il fera fabriqué des pieces de 5 francs en argent à la taille de 25 grammes, & des pieces d'or à la taille de 10 grammes ; & que dans chaque forte de métal, il y aura 9 parties de matiere pure & une d'alliage. La piece d'or étant comptée pour 30 francs, au lieu de 31,163 qu'elle vaudroit fuivant le prix actuel de l'or ; l'or ne feroit plus, à poids égal, que 15 fois la valeur de l'argent.

PAIR DES CHANGES DES MONNOIES
Entre les principales Villes & Pays de l'Europe.

A AMSTERDAM.

Efpagne	Donne 1 ducat pour 51,4 den. de gros en or , ou 58 en arg.
Gênes, ...	Donne 1 piaftre h. b. pour 91,4 d. de gr. en or , ou 93,3 en arg.
Hambourg , . . .	Donne 1 daler pour 29,3 fols communs. 1 daler = 2 marcs l.
Francfort-f.-le-M.	Reçoit 100 rixdalers pour 137 dito.
Lisbonne , ...	Dᵉ 1 creuf. de 400 rès p. 53,505 d. de gr. en or , ou 58,6 en arg.
Livourne , ...	Donne 1 piaft. pour 94,79 den. de gr. en or , ou 93,42 en arg.
Londres, ...	Donne 1 l. fterl. pour 37,7 fols de gr. en or , ou 39,94 en arg.
Pétersbourg. . . .	Donne 1 rouble pour 44,84 fols com. en or , ou 43,53 en arg.
Vienne , ...	Donne 1 rixd. c. pour 38,52 f. com. en or , ou 37,64 en arg.

EN ANGLETERRE.

France , ...	{ Donne un écu pour 28,473 den. fterl. en or , ou 29 en arg. { Ou reçoit 1 liv. ft. pour 25,287 en or , ou 24,826 en arg.
Efpagne, ...	Donne 1 piaftre foib. pour 37,2 d. ft. en or , ou 39,66 en arg.
Lisbonne , ...	Donne 1000 rès pour 67,87 den. fterl. en or , ou 73,49 en arg.
Livourne , ...	Donne 1 piaftre pour 49,56 den. fterl. en or , ou 47,5 en arg.
Naples , ...	Donne 1 ducat pour 44,36 den. fterl. en or , ou 42,45 en arg.

EN DANNEMARCK.

Amfterdam , . . .	Donne 100 rixdales cour. pour 124,3 idem.
Hambourg , . . .	Donne 1 daler pour 29,5 fols cour. 1 daler = 2 marcs lubs.
Londres , ...	Donne 1 livre fterling pour 5,95 rixdalers.

EN ESPAGNE.

Gênes , ...	Donne 100 piaft. h. b. pour 130 piaft. fb. en or , ou 118 en arg.
Hambourg , . . .	Reçoit une piaftre foible pour 85,7 deniers de gros.
Livourne , ...	Donne 100 piaft. pour 33 piaft. foibles en or , ou 119,8 en arg.
Naples , ...	Donne 1 ducat pour 608 maravédis en or , ou 545,7 en arg.

EN FRANCE.

Amfterdam , . . .	Reçoit un écu pour 53,7 den. de gr. en or , ou 57,14 en arg.
Efpagne , ...	{ Donne 1 piaftre fb. pour 78,35 fols en or , ou 82,2 en arg. { Donne 1 pift. de change pour 15,67 fr. en or , ou 16,44 en arg.
Gênes, ... , .	Donne 1 piaftre h. b. pour 102 fols en or , ou 97,5 eu arg.
Génève , ...	Reçoit 100 écus pour 180,74 liv. c. en or , ou 17,59 en arg.
Hambourg , . . .	{ Reçoit un écu pour 31,54 fols lubs. { Ou donne 100 marcs-lubs pour 155,25 francs.
Lisbonne , ...	Reçoit un écu pour 420,6 rès en or , ou 393,7 en arg.
Livourne , ...	Donne 1 piaftre pour 105 fols en or , ou 102,16 en arg.
Rome , ...	Donne 1 écu pour 110,6 fols en or , ou 108,4 en argent.
Turin , ...	Reçoit 1 écu pour 47,6 fols en or , ou 50,7 en argent.
Vienne , ...	Donne 22,1 creutzers en or , ou 23 en argent.

A G Ê N E S.

Livourne , ... Donne 1 piaftre pour 116,8 fols en or , où 115,7 en argent.
Milan , ... Reç. 1 écu de 4 l. c. pour 101,62 f. c. en or , ou 102,89 en arg.
Venife , ... Reçoit 1 écu de 4 l. c. pour 100 marcheti en or , ou 102 en arg.
Rome, ... Donne 1 écu pour 127 fols cour. en or , ou 137 en argent.

A L I V O U R N E.

Lisbonne , ... Reçoit 1 piaftre pour 732 en or , ou 646 rès en argent.
Rome , ... Reçoit 1 piaft. pour 92,36 baïocs en or , ou 95,1 en argent.

A N A P L E S.

Livourne , ... Donne 100 piaft. pour 114 ducats en or , ou 114,7 en arg.
Rome , ... Donne 100 écus pour 118 ducats en or , ou 122 en argent.

E n P o r t u g a l.

Gênes , ... Donne 1 piaft. hors banq. pour 715 rès en or , ou 636,5 en arg.
Pétersbourg , . . Donne 1 rouble pour 702,45 rès en or , ou 593,68 en argent.

E n S u e d e.

Amfterdam , ... Donne 1 rixdaler cour. pour 19,9 marcs de cuivre.
Hambourg , . . . Donne 1 rixdale pour 19,59 marcs de cuivre.
Londres , ... Donne 1 liv. fterling pour 39,76 darlers de cuivre.

Les Négocians & les Banquiers font quelquefois dans le cas de changer indirectement d'un pays fur un autre , foit faute d'occafions pour celui où ils ont des paiements à faire ou des fommes à recouvrer , foit pour obtenir des conditions plus avantageufes ; il faut alors qu'ils calculent d'après le cours de différentes places , laquelle leur eft la plus favorable : c'eft en quoi confifte principalement la fcience des Banquiers. On donne le nom d'arbitrage à ces fortes d'opérations qui font d'une grande utilité , parce qu'elles tendent à niveler le cours des changes , & à empêcher qu'ils ne deviennent trop difpendieux à certaines branches de commerce. En effet, un pays qui ne feroit d'importations réciproques avec aucun autre , ne pourroit fans l'arbitrage avoir que des changes onéreux. Si le Portugal , par exemple , fournit peu de marchandifes à l'Angleterre , qui lui en fournit beaucoup , & s'il n'en reçoit point de France , où il en envoie peut-être autant qu'il en reçoit d'Angleterre , il n'a point de moyen direct de compenfation ; il faut qu'il faffe venir fes efpeces de France , pour les envoyer enfuite en Angleterre , ou bien qu'il ait recours à l'arbitrage , & c'eft ce dernier parti qu'il prend. Il fait payer les draps qu'il a reçus d'Angleterre par les Négociants de ce pays , qui ont reçu des vins de France , parce que ceux qui les ont envoyés, en toucheront la valeur chez ceux de leur nation auxquels les Portugais ont envoyé des cotons ou autres marchandifes.

L'on doit , dans tous les cas , tenter le bénéfice de l'arbitrage fur l'apperçu du cours des changes. Un particulier de Rouen , par exemple , doit 750000 rès à Lisbonne , & il veut favoir lequel lui fera le plus avantageux de remettre directement , ou bien d'employer la voie de Livourne ou celle de Londres. Le cours étant comme fuit , il calcule en conféquence.

De Rouen fur Lisbonne , 415 rès pour 1 écu.

De Livourne fur Lisbonne , 700 rès pour 1 piaftie.

De Rouen fur Livourne , 100 fols pour 1 piaftre.

De Londres fur Lisbonne , 1000 rès pour 70 deniers fterling.

Et de Rouen fur Londres , 30 deniers fterlings pour 1 écu.

Il réfulte du cours des changes ci-deffus , 1°. que pour payer directement de Rouen à Lisbonne 750000 rès , il en coûteroit 5421 liv. 13 fols.

2°. Que pour obtenir à Livourne 750000 rès fur Lisbonne , il faut 1071,4 piaftres , qui coûteront à Rouen 5357 livres.

3°. Enfin que , pour obtenir à Londres 750000 rès. , il faut 52500 den. fterl. , qui coûteront à Rouen 5250 francs , & que la voie la plus avantageufe pour changer de Rouen fur Lisbonne , eft par Londres.

CHAPITRE XI.

Des rapports des Poids - Mefures & Monnoies.

J'Ai déjà indiqué les principales fources où j'ai puifé les matériaux qui compofent cet ouvrage ; j'ai cité les citoyens *Paudon* & *Ruelle*. Je ne m'en fuis écarté que pour me rapporter aux mefures effectives que j'ai reçues de divers pays , & je diftingue chaque article qui en provient par ces trois lettres vér. J'ai cru devoir aufli , pour l'Efpagne , me régler fur l'Almanach du Commerce imprimé à Madrid , pour cette année 1797. La précifion avec laquelle ce fujet m'a paru y être traité , les détails dans lefquels l'Editeur a bien voülu entrer avec moi fur quelques explications que je lui ai demandées , m'ont convaincu que ce fujet avoit été traité favamment.

L'Agence des Poids & Mefures m'ayant communiqué un travail du citoyen *Briffon*, qui a lui-même vérifié ceux de plufieurs Départemens , je m'y fuis conformé, & j'ai défigné chaque article par la lettre B.

Au lieu de claffer tous les fujets fuivant leur nature , en mettant les longueurs avec les longueurs, les fuperficies avec les fuperficies, &c. , je réunis tous ceux d'un même lieu en un feul article ; j'y trouve l'avantage de réunir , fous le même point de vue, des fujets qui ont enfemble des rapports qu'il eft befoin de comparer. A l'article d'Angleterre , par exemple, tous les objets étant réunis , je trouve au befoin la comparaifon de la verge avec l'aune de Paris, & celle du fcheling avec la livre tournois.

J'ai été obligé de conferver beaucoup d'anciens noms , pour les mefures agraires fur-tout; je m'y fuis déterminé d'autant plus volontiers , que l'on eft, dans beaucoup d'occafions , obligé de revenir fur le paffé. Par la même raifon , je compare toutes les mefures aux mefures de Paris, en même-temps que je les compare aux nouvelles mefures de France. Comme je me fuis attaché fur-tout à donner beaucoup de développements à l'objet des monnoies ; j'ai cru faire une chofe utile , particulierement aux voyageurs , en donnant le titre & le poids brut des principales efpeces. (Les monnoies de comptes & les monnoies idéales ou imaginaires , font évaluées fur le prix de l'argent.) La premiere ligne des monnoies fera toujours la monnoie de compte. Je dois encore obferver que le titre eft exprimé en poids de France, quoique dans la colonne des mefures & poids étrangers, & que cette exception eft la feule qui ait lieu à l'égard de cette colonne. Comme l'huile d'olive conftitue une des principales branches de commerce , & qu'elle fe vend au poids ou à la mefure , fuivant les pays, je donne la pefanteur du contenu de chaque mefure qui fert à cette denrée.

MESURES, POIDS ET MONNOIES.

ABBEVILLE, aune, ...	0,994 a. de P.	1,816 mètres.
Setier , ...	0,833 f. de P.	1,268 hectol.
Livre , ...	0,862 l. p. m.	0,422 kilogr.
AGDE, fetier , ...	0,433 f. de P.	0,659 hectol.
AGEN , pied d'arpentage, . .	1,054 p. de r.	0,342 mètre.
Sac , ...	0,567 f. de P.	0,863 hectol.
Quarterée , ...	1,4274 arp. l.	0,7284 hectare
AIRE, raziere, ...	3,500 f. de P.	5,237 hectol.
AIX-LA-CHAPELLE, aune,	0,555 a. de P.	0,659 mètre.
Tonneau , ...	0,157 f. de P.	0,239 hectol.
Livre , ...	0,952 l. p. m.	0,423 kilogr.
Rixdaler courant , = 54 maken ,	3 liv. 19 f. 6 d.	3,949 francs.
Florin de l'Empire, = 4 efcalins,	2 l. 12 f. 8 d.	2,632 francs.
Efcalin , ...	13 f. 2 d.	0,658 idem.
Rixdaler , efpece , ...	5. 5. 4.	5,265 dito.
AIX EN PROVENCE. Pied ,	0,833 p. de r.	0,273 mètre.
ALBY , fetier, ...	0,758 f. de P.	1,154 hectol.
ALEXANDRETTE, pechys ou pic ,	0,550 a. de P.	0,653 mètre.
ALEXANDRIE d'Egypte , péchys,	0,480 a. de P.	0,570 idem.
Lodra ou rotolo , ...	1,200 l. p. m.	0,587 kilogr.
ALGER , cadée , ...	0,435 a. de P.	0,516 mètre.
ALICANTB, palme , ...	0,648 p. de r.	0,203 mètre.
Vare , = 4 palmes , ...	0,708 a. de P.	0,812 mètre.
Cantara , ...	10,586 p. de P.	10,067 litres.
Arrobe, ...	13,233 p. de P.	12,584 litres.
L'arrobe d'huile d'olive pefe , .	23,411 l. p. m.	11,451 kilogr.
Pipe , ...	529,300 p. de P.	503,350 litres.
Tonnellada , = 2 pipes , ...	1058,600 idem.	1006,700 idem.
Barchillas	0,132 f. d. P.	0,201 hectol.
Cahiz ou cafizo, = 12 barchillas,	1,584 f. d. P.	2,418 hectol.
Livre petite , ...	0,716 l. p. m.	0,350 kilogr.
Livre grande, ...	1,073 idem.	0,525 idem.
Arrobe, = 36 liv. pet. = 24 l. gr.	25,758 idem.	12,600 idem.

Carga, = 2 ½ quintaux, ...	257,580 l. p. m.	126,000 kilogr.
Monnoies. *Voy*. VALENCE en Esp.		
ALLEMAGNE, pied philétérien, .	1,142 p. de r.	0,361 mètre.
Pas géométrique , ...	5,707 idem.	1,853 idem.
Mille ou lieue commune , . .	1,667 l. com.	7,375 kilom.
AMBOISE, boisseau , ...	0,071 s. de P.	0,108 hectol.
AMIENS, setier , ...	0,213 idem.	0,323 idem.
Livre , ...	0,943 l. p. m.	0,461 kilogr.
AMSTERDAM, pied , . . .	0,871 p. de r.	0,283 mètre.
Aune de Brabant courante , . .	0,581 a. d. P.	0,690 idem.
Petite aune , ...	0,576 idem.	0,685 idem.
Mingle , = 2 pintes , = 8 muffies,	1,269 p. de P.	1,207 litres.
Stoopen , = 2 mingles, ...	2,537 idem.	2,413 idem.
Viertel , = 3 stoop. = 6 mingles.	7,612 idem.	7,240 idem.
Stekan , = 8 stoop. = 16 ming.	20,296 idem.	19,304 idem.
Anker, = 2 stekans, = 16 stoop.	40,592 idem.	38,608 idem.
Aam , = 4 ank. = 8 stekans ,	162,368 idem.	154,432 idem.
Tonneau , = 777 mingles, . . .	985,667 idem.	937,604 idem.
Botte , = 8 aams, = 32 ankers,	1299,200 idem.	1218,850 idem.
Tonneau d'eau dans les machines,	5,250 p. cub.	0,188 stère.
Scheffel , = 4 vierdevatz , . . .	0,177 s. de P.	0,270 hectol.
Sac , = 3 scheffels , ...	0,532 idem.	0,811 idem.
Mudde , = 4 scheffels , ...	0,709 idem.	1,080 idem.
Tonneau , = 13,5 muddes , . .	9,566 idem.	14,556 idem.
Last , = 2 tonneaux , ...	19,133 idem.	29,112 idem.
Marc = 8 onc. = 16 lots = 5120 af.	0,502 l. p. m.	0,245 kilogr.
Livre, = 2 marcs , ...	1,005 idem.	0,491 idem.
Steen ou pierre, = 10 livres, .	10,046 idem.	4,910 idem.
Steen , = 15 livres , ...	15,069 idem.	7,373 idem.
Lyspfund , = 14 liv. pr les march.	14,064 idem.	6,876 idem.
Lyspfund , = 16 liv. pour les voit.	16,073 idem.	7,877 idem.
Schiffpund , = 20 lyspfunds , .	281,280 idem.	137,159 idem.
Schiffpfund de 20 lysp. pr. voit.	321,500 idem.	155,818 idem.
Tonneau , = 2000 livres , . . .	1,005 t. d. m.	0,983 t. d. m.
Last , = 4000 livres, ...	2,009 idem.	1,966 idem.
Florin cour. = 20 sols communs	2 liv. 1 s. 10 den.	2,092 francs.

Sol com. ou ftuyver, = 16 pennings	2 f. 1 d.	0,105 franc.
Livre de gros , = 20 fols de gros ,	12 l. 11 0	12,550 idem.
Sol de gros ou efc. = 12 d. de gr.	12 6	0,623 idem.
Denier de gros , = 8 pennings ,	1 1	0,052 idem.
Tonne d'or , = 100000 florins ,	209160 liv.	209160 idem.
Ducat , = 5 florins ¼ courants ,	11 l. 0 f. 6 d.	11,025 idem.
Le titre, 23 ½ kar. ; le poids , .	65 grains.	3,450 gram.
Ruyder, = 14 florins courants ,	29 l. 13 f. 11 d.	29,694 franc.
Le titre = 22 kar., le poids , . .	2 gros 43 grains.	9,926 gram.
Rixdale , ...	5 l. 4 f. 7 d.	5,229 franc.
Le titre, 10 d. $\frac{1}{12}$; le poids, . .	7 gros 20 grains.	27,813 gram.
Daalder d'Utrecht , ...	3 l. 2 f. 3 d.	3,113 franc.
Le titre, 10 den. ¾; le poids, .	4 gros 16 grains.	16,171 gram.
Ancône , pied , = $\frac{1}{10}$ perche ,	1203 p. de r.	0,391 mètre.
Braffe , ...	0,519 a. de P.	0,617 idem.
Bocale , ...	1,522 p. de P.	1,448 litres.
Rubbo , ...	1,790 f. de P.	2,718 hectol.
Livre , ...	0,860 l. p. m.	0,421 kilogr.
Ander, (Saint) vare , . . .	0,701 a. de P.	0,833 mètre.
Quintal de fer , ...	143,065 l. p. m.	69,905 kilogr.
Idem , bacalao ou merluche, . .	103,376 idem.	50,112 idem.
Idem cacao , ...	98,761 idem.	48,257 idem.
Idem viande , ...	115,376 idem.	56,375 idem.
Monnoies. *Voyez* MADRID.		
Anduse , canne , ...	1,667 a. de P.	1,980 mètres.
Angleterre. Pied, = 12 p. vér.	0,940 p. de r.	0,305 idem.
Yard ou verge, = 3 pieds, vér.	0,770 a. de P.	0,915 idem.
Aune, vér.	1 idem.	1,188 idem.
Pas, = 5 pieds, vér.	4,700 p. de r.	1,525 idem.
Braffe ou toife, = 6 pieds, vér.	5,640 idem.	1,830 idem.
Furlong ou ftade, = 660 pieds,	103,600 toife.	0,201 kilom.
Mille légal , = 8 ftades , . . .	0,362 l. com.	1,608 idem.
Mille marin de 60 au degré, .	0,416 idem.	1,852 idem.
Lieue marine, de 20 au degré,	1,250 idem.	5,555 idem.
Acre légal , ...	0,7930 arp. l.	0,4046 hectare
Gallon pour la bierre , vér. . .	4,863 p. de P.	4,625 litres.

Gallon pour le vin & l'huile , . .	4 p. de P.	3,800 litres.
Le gallon d'huile d'olive pefe ,	7,016 l. p. m.	3,429 kilogr.
Ferkin ofale, fope, hering , =8 g.	32 p. de P.	30,400 litres.
Firkin of falmon , = 10 gal. $\frac{1}{2}$,	42 idem.	39,900 idem.
Kilderkin , = 2 firkins , ...	64 idem.	60,800 idem.
Rundlet , = 18 gallons , ...	72 idem.	68,400 idem.
Barrel , = 2 kilderquins , . . .	128 idem.	121,600 idem.
Tierce , = 42 gallons , ...	168 idem.	159,600 idem.
Hogs dead , = 63 gallons , . . .	252 idem.	239,700 idem.
Punchion , = 84 gallons , ...	336 idem.	319,200 idem.
Pipe, but ou brett , =2 hogsdead,	504 idem.	479,400 idem.
Tonne , = 2 pipes , ...	1008 idem.	958,800 idem.
Tonne pour l'huile , ...	952,200 idem.	905,717 idem.
La tonne d'huile d'olive pefe , .	1691 l. p. m.	826,940 kilogr.
Strike , = 2 bushels , = 8 pecks ,	0,469 f. d. P.	0,714 hectol.
Carnock ou coomb , =2 ftrikes ,	0,939 idem.	1,428 idem.
Quarter ou feam , = 2 carnoks,	1,878 idem.	2,856 idem.
Chalder , = 4 quarters , ...	7,512 idem.	11,424 idem.
Wey, =5 quarters , ...	9,390 idem.	14,280 idem.
Laft , = 10 quarters , = 2 weys ,	18,780 idem.	28,560 idem.
Livre , avoir du poids , vér. . . .	0,928 l. p. m.	0,454 kilogr.
Stein , = pour la laine , 14 l. vér.	12,991 idem.	6,354 idem.
Hundred ou quintal , = 112 liv.	103,936 idem.	50,848 idem.
Tonneau , = 20 quintaux , . . .	1,039 t. de m.	1,017 t. de m.
Livre fterling , = 20 fchelings ,	24 l. 17 f. 8 d.	24,883 franc.
Scheling , = 12 deniers fterl. , .	1 l. 4 f. 10 d.	1,242 idem.
Denier fterling , = 8 farthing ,	2 f. 1 d.	0,103 idem.
Piece de 5 guinées , ...	124 l. 13 f. 4 d.	124,667 idem.
Le titre , 22 karats ; le poids ,	10 gros 65 grains.	41,654 gram.
Guinée , = 21 fchelings , ...	24 l. 18 f. 8 d.	24,933 franc.
Le titre , 22 karats , ...	2 gros 13 grains.	8,330 gram.
Couronne ou écu , = 5 fchelings.	6 l. 4 f. 5 d.	6,221 franc.
Le titre , 11 den. $\frac{1}{12}$; le poids ,	7 gros 61 grains.	30 gram.
ANGOUMOIS. Journal , . .	0,6743 arp. l.	0,3439 hectare
Lieue , ...	0,758 l. com.	3,369 kilom.
Buffe , ...	256 p. de P.	240 litres.

Pipe, ...	500 p. de P.	467 litres.
Anjou. Journal , = perche ,	1,2912 arp. l.	0,6591 hectare
Anvers. Pied, ...	0,879 p. de r.	0,285 mètre.
Aune ordinaire de Brabant, . .	0,584 a. de P.	0,694 idem.
Petite aune , ...	0,576 idem.	0,684 idem.
Stoopen , ...	3,352 p. de P.	3,188 litres.
Viertel, ...	0,504 f. de P.	0,766 hectol.
Laft , ...	16,367 idem.	24,908 idem.
Livre, ...	0,956 l. p. m.	0,468 kilogr.
Arcis-sur-Aube. Boiffeau , . .	0,083 f. de P.	0,127 hectol.
Argeuil. Boiffeau , ...	0,216 idem.	0,329 idem.
Arles. Setier , ...	0,129 idem.	0,196 idem.
Charge , ...	1,213 idem.	1,846 idem.
Arques. Pot, ...	1,917 p. de P.	1,823 litres.
Arras. Aune, ...	0,609 a. de P.	0,723 mètre.
Artois. Lieue, ...	0,893 l. com.	3,968 kilom.
Auffai. Boiffeau , ...	0,203 f. de P.	0,309 hectol.
Augsbourg ou Auguste. Pied.	0,913 p. de r.	0,296 mètre.
Aune grande , ...	0,519 a. de P.	0,616 idem.
Aune petite , ...	0,501 idem.	0,595 idem.
Maas, ...	1,486 p. de P.	1,410 litres.
Beffon , ...	11,885 idem.	11,345 idem.
Fouders, = 8 jez , 768 maus, .	1141,33 idem.	1088,14 idem.
Schaff , ...	2,885 f. de P.	4,390 hectol.
Gros poids, ...	0,998 l. p. m.	0,488 kilogr.
Petit poids, ...	0,948 idem.	0,464 idem.
Florin cour. = 15 batz.	2 l. 12 f. 11 d.	2,646 franc.
Batz, = 4 kreutzers, ...	3 f. 6 d.	0,176 idem.
Rixdale cour. = 1 ½ florin, . . .	3 l. 19 f. 4 den.	3,969 idem.
Florin de giron, ...	3 l. 7 f. 3 d.	3,360 idem.
Rixdaler de giron , ...	5 l. 0 f. 10 d.	5,040 idem.
Aumalle. Boiffeau , ...	0,141 f. de P.	0,214 hectol.
Autriche. (Art. de Vienne) Pied.	0,973 p. d. r.	0,316 mètre.
Toife, = 6 pieds, klafter, . . .	5,839 idem.	1,806 idem.
Aune pour les draps à Vienne,	0,653 a. de P.	0,776 idem.
Aune de la haute Autriche, . . .	0,673 idem.	0,799 idem.

Maas, = 4 feitels , ...	1,486 p. de P.	1,413 litres.
Eimer , = 40 maas , ...	59,450 idem.	5,655 idem.
Metzen , = 4 viertels , ...	0,404 f. de P.	0,615 hectol.
Livre , ...	1,144 l. p. m.	0,560 kilogr.
Florin-goulde , = 60 kreutzers ,	2 l. 12 f. o d.	2,600 franc.
Creutzer , = 4 pennings , . . .	10 den.	0,043 idem.
Rixdaler cour. = 1 ½ flor. , . . .	3 l. 18 f.	3,900 idem.
Ducat de cremnitz, = 4 fl. 10 kr.	11 l. 4 f.	11,200 idem.
Le titre, 23 kar. ⅞; le poids , . .	65 grains.	3,450 gram.
Ducat impér. = 4 flor. 10 kreut.	11 l. 4 f. 10 d.	11,242 idem.
Le titre, 23 kar. ¹¹⁄₁₆ ; le poids ,	65 grains.	3,450 gram.
Ducat royal de Bohême , ...	11 l. 16 f. 3 d.	11,313 franc.
Le titre , 23 karats ¾; le poids ,	66 grains,	3,500 gram.
Rixdaler , = 2 florins , ...	5 l. 4 f. o d.	5,200 franc.
Le titre , 9 deniers 22 gr. , . .	7 gros 25 grains.	28,080 gram.
A u x e r r e. Muid , ...	296 p. de P.	282 litres.
A u x o n n e. Hemine , . . .	2,667 f. de P.	4,059 hectol.
A v a l l o n. Muid , ...	296 p. de P.	282 litres.
A v i g n o n. Pied , ...	0,833 p. de r.	0,271 mètre.
Canne , ...	1,658 a. de P.	1,969 idem.
Boiffeau , ...	0,600 f. de P.	0,911 hectol.
Livre , ...	0,837 l. p. m.	0,409 kilogr.
B a c q u e v i l l e. Boiffeau , .	0,208 f. de P.	0,316 hectol.
B a y o n n e. Aune , ...	0,888 a. de P.	1,055 mètre.
Velte , ...	9,841 p. de P.	9,361 litres.
Barrique , ...	243 idem.	232 idem.
Tonneau , = 4 barriques , . . .	972 idem.	928 idem.
Concha , ...	0,317 f. de P.	0,482 hectol.
Sac , ...	0,525 idem.	0,799 idem.
Livre , ...	1 l. p. m.	0,489 kilogr.
B a r - s u r - A u b e. Quarteau.	115 p. de P.	109,390 litres.
B a r c e l o n e. Palme , . . .	0,593 p. de r.	0,193 mètre.
Canne , = 8 palmes , ...	1,300 a. de P.	1,540 idem.
Quartillo Catalan , ...	1,012 p. de P.	0,962 litres.
Arrobe , ...	10,793 idem.	0,267 idem.
L'arrobe d'huile d'olive pefe ,	20,905 l. p. m.	10,113 kilogr.

Cortan , ...	8,094 p. de P.	7,700 litres.
Le cortan d'huile d'olive pese ,	7,665 l. p. m.	3,742 kilogr.
Charge ou carga de vin , ...	129,619 p. de P.	123,200 litres.
Pipe réguliere , 4 charges , . . .	518,476 idem.	492,800 idem.
Pipe d'huile de maillor. = 107 cort.	820,155 l. p. m.	400,394 kilogr.
Cortan , ...	0,037 f. de P.	0,057 heᶜtol.
Quartera , = 12 cortans , ...	0,450 idem.	0,685 idem.
Salma , = 4 quarteras , ...	1,800 idem.	2,740 heᶜtol.
Charge , = 30 cortans , ...	1,125 idem.	1,712 idem.
Livre , = 12 onces ou 14 caſtill.	0,808 l. p. m.	0,395 kilogr.
Arrobe , = 26 livres , ...	21,018 idem.	10,270 idem.
Quintal , = 4 arrobes , ...	84,072 idem.	41,080 idem.
Livre catalane , = 20 fols , . .	2 l. 18 f.	2,901 franc.
Sols , = 12 deniers , ...	2 f. 11 d.	0,145 idem.
Real de plate , = 10 ardils , . .	8 f. 8 d.	0,433 idem.
Piaſtre forte d'Eſp. = 1 l. 17 f. 6 d.	5 l. 8 f. 10 d.	5,442 idem.
Piecete provinciale , = 7 f. 6 den.	1 l. 1 f. 9 d.	1,087 idem.
Toutes les mon. d'Eſp. ont cours.		
B A S L E. Pied , ...	0,924 p. de r.	0,300 mètre.
Brache , ...	0,461 a. de P.	0,548 idem.
Aune , = 3 braches , ...	1,383 idem.	1,644 idem.
Pot , ...	1,339 p. de P.	1,274 litre.
Saum , = 3 ohms , = 120 pots ,	160,700 idem.	152,860 idem.
Sac , = 8 muids , ...	0,864 f. de P.	1,315 heᶜtol.
Livre , ...	0,995 l. p. m.	0,487 kilogr.
Livre , eſpece , = 20 f. = 240 den	1 l. 12 f. 4 d.	1,616 franc.
Batz , ...	3 f. 2 d.	0,162 idem.
Florin-goulde , = 60 kreutzers .	2 l. 13 f. 10 d.	2,693 idem.
Ducat , ...	10 l. 9 f. 2 d.	10,458 idem.
Le titre , 23 karats , ...	63 grains.	3,344 gram.
Ecu ou rixdaler , ...	4 l. 17 f.	4,850 francs.
Le titre , 10 den. 2 gr. ; le poids ,	6 gros 52 grains.	25,680 gram.
B A V I E R E , pied , ...	0,960 p. de r.	0,312 mètre.
B E A U C A I R E. Setier , ...	0,275 f. de P.	0,414 heᶜtol.
B E A U N E. Quarteau , ...	119 p. de P.	113,194 litres.
Demi-queue , ...	240 idem.	228,300 idem.

BEAUVAIS. Tonneau , . . .	12,666 f. de P.	19,277 hectol.
BELLESME. Boisseau de 8 au fetier ,	0,333 idem.	0,406 idem.
BELLENCOMBRE. Boisseau ,	0,216 idem.	0,328 idem.
BERGAME. Brasse , ...	0,552 a. de P.	0,656 mètre.
Brenta , = 52 pintes , ...	67,240 p. de P.	63,943 litre.
Livre grosse , ...	1,674 l. p. m.	0,800 kilogr.
Livre petite, ...	0,663 idem.	0,324 idem.
BERLIN. Pied , ...	0,954 p. de r.	0,309 mètre.
Aune, ...	0,561 a. de P.	0,666 idem.
Maass ou quart , ...	1,207 p. de P.	1,149 litres.
Scheffel , = 4 viertels , ...	0,335 f. de P.	0,515 hectol.
Wifpel , = 24 fcheffels , ...	8,128 idem.	12,360 idem.
Livre , = 2 marcs , = 32 lots ,	0,953 l. p. m.	0,468 kilogr.
Rixdaler , = 24 bon gros , . . .	3 l. 14 f. 7 d.	3,729 francs.
Le titre , 9 den. ; le poids , . .	5 gros 57 grains.	22,126 gram.
Bon gros , = 12 pennings , . . .	3 f. 1 d.	0,153 francs.
Ducat , ...	11 l. 2 f. 10 d.	11,142 idem.
Le titre , 23 kar. ¾ ; le poids ,	65 grains.	3,450 gram.
Piftole ou Fréderic , ...	19 l. 15 f. 7 d.	19,779 francs.
Le titre , 21 ¾ kar. ; le poids ,	1 gros 54 grains.	6,157 gram.
Florin de Brandebourg 1704, .	2 l. 16 f. 3 d.	2,813 francs.
Le titre, 8 den. 21 gr. ; le poids ,	4 gros 31 grains.	14,930 gram.
BERNE. Pied du Suisse , . . .	0,924 p. de r.	0,300 mètre.
Brache , ...	0,456 a. de P.	0,541 idem.
Pot , ...	1,500 p. de P.	1,427 idem.
Fouder , ...	602 idem.	570,800 idem.
Mutt , ...	1,034 f. de P.	1,557 hectol.
Poids marchand , ...	1,009 l. p. m.	0,493 kilogr.
Livre, = 20 fols , = 10 baches ,	1 l. 16 f. 4 d.	1,817 franc.
Bache , ...	3 f. 8 d.	0,182 idem.
Ducat , ...	10 l. 9 f. 7 d.	10,479 idem.
Le titre , 22 karats ; le poids ,	66 grains.	3,500 gram.
Ecu , ...	5 l. 9 f. 1 d.	5,456 franc.
Le titre, 10 den. ½ ; le poids ,	7 gros 19 grains.	27,744 gram.
BERRI. Lieue de 26 au degré ,	1,040 l. com.	4,6222 kilom.
Tonneau , ...	576 p. de P.	547,890 litres.

B e s a n ç o n. Pied , ...	0,953 p. de r.	0,309 mètre.
Mefure , , ...	0,150 f. de P.	0,228 hectol.
Livre , ...	1 l. p. m.	0,489 kilogr.
B e z i e r s. Setier , ...	0,433 f. de P.	0,659 hectol.
B i l b a o. Livre , ...	1 l. p. m.	0,489 kilogr.
Réal de Vellon , ...	5 f. 5 d.	0,272 franc.
B l a n g i. Boiffeau , ...	0,144 f. de P.	0,219 hectol.
B l o i s. Boiffeau , ...	0,050 idem.	0,076 idem.
B o h è m e. Pied , ...	0,912 p. de r.	0,296 mètre.
Aune , , ...	0,511 a. de P.	0,607 idem.
Lieue , , ...	1,556 l. com.	6,944 kilom.
Pinte , ...	2,006 p. de P.	1,908 litres.
Stric, = 4 viertels , ...	0,614 f. de P.	0,935 hectol.
Livre , . , ... , .	1,047 l. p. m.	0,512 kilogr.
Quintal , = 120 livres , ...	125,676 idem.	61,474 idem.
B o l b e c. Boiffeau , = ½ fac,	0,287 f. de P.	0,438 hectol.
B o l o g n e. Braffe pour les étamines.	0,537 a. de P.	0,638 mètre.
Braffe pour les toiles , ...	0,437 idem.	0,619 idem.
Bocal , . . , ...	1,320 p. de P.	1,256 litres.
Corba, = 2 ftaros , ...	0,484 f. de P.	0,737 hectol.
Livre , ...	0,736 l. p. m.	0,360 kilogr.
Livre, = 2 jules, = 20 baïocs,	1 l. 1 f. 8 d.	1,084 francs.
B o l z a n o ou B o t z e n. Aune , .	0,668 a. de P.	0,693 mètre.
Braffe , . . , ...	0,463 idem.	0,550 idem.
Livre , ...	1,020 l. p. m.	0,499 kilogr.
Florins, = 60 kreutz.	2 l. 12 f. 11 d.	2,646 francs.
Rixdaler, = 1 ½ florin , ...	3 l. 19 f. 4 d.	3,969 idem.
B o r d e a u x. Pied de terre , . . .	1,097 p. de r.	0,356 mètre.
Aune , ...	1 a. de P.	1,188 idem.
Journal, = 25000 pieds quarrés ,	0,6218 arp. l.	0,3179 hectare
Pot , ...	2,160 p. de P.	2,055 litres.
Barrique, petite jauge , ...	184 idem.	175,010 idem.
Barrique, grande jauge , ...	216 idem.	205,460 idem.
Tonneau, = 4 barriques , . . .	864 idem.	821,840 idem.
Boiffeau , ...	0,504 f. de P.	0,762 hectol.
Livre , ...	1 l. p. m.	0,489 kilogr.

BOSCLEHARD. Boisseau,	0,261 f. de P.	0,397 hectol.
BOURBONNOIS. Lieue, . .	1,087 l. com.	4,827 kilom.
BOURG, B. Aune, ...	0,978 a. de P.	1,164 mètre.
Bouteille, ...	1,062 p. de P.	1,011 litres.
Tonneau, ...	275 idem.	261,582 idem.
Coupe, ...	0,098 f. de P.	0,150 hectol.
Livre , ...	1 l. p. m.	0,489 kilogr.
BOURGES. Tonneau , ...	512 p. de P.	487 litres.
Setier , ...	0,833 f. de P.	1,268 hectol.
Livre , ...	0,946 l. p. m.	0,463 kilogr.
BOURGOGNE. Lieue , . . .	1,162 l. com.	5,124 kilom.
Arpent pour terre de labour, .	0,6713 arp. l.	0,3424 hectare
Arpent pour les bois, ...	0,8025 idem.	0,4184 idem.
Queue, ...	444 p. de P.	422,337 litres.
Demi-queue , ...	222 idem.	211,168 idem.
Muid , ...	312 idem.	296,776 idem.
Demi-queue tirée au net , ...	216 idem.	205,460 idem.
Muïd rappé , ...	320 idem.	304,386 idem.
BRÊME. Pied , ...	0,899 p. de r.	0,292 mètre.
Aune , ...	0,486 a. de P.	0,577 idem.
Stubchen, = 16 mingelen, . . .	3,383 p. de P.	3,217 litres.
Scheffel , ...	0,460 f. de P.	0,702 hectol.
Laft , ...	18,442 idem.	28,069 idem.
Livre , ...	1,004 l. p. m.	0,492 kilogr.
Stein, = 10 livres , ...	10,043 idem.	4,919 idem.
Rixdaler, = 3 mar. = 48 f. lubs, (a)	5 l. 5 f. 10 d.	5,292 francs.
BRESCIA. Aune pour la soierie,	0,545 a. de P.	0,647 mètre.
Aune pour les toiles & les draps,	0,574 idem.	0,682 idem.
Livre , ...	0,595 l. p. m.	0,291 kilogr.
BRESLAW. Pied , ...	0,875 p. de r.	0,284 mètre.
Aune ordinaire , ...	0,531 a. de P.	0,631 idem.
Quart , ...	0,741 p. de P.	0,705 litre.
Eimer., = 80 quarts , ...	59,320 idem.	56,425 idem.

(a) Cette rixdale est appellée par *Paucton* , rixdale de convention ; mais , à en juger par la valeur que différents Auteurs lui donnent dans les changes, il doit y en avoir une autre , qui seroit à peu près de la valeur de celle d'Amsterdam.

Scheffel , ...	0,501 f. de P.	0,763 hectol.
Livre , ...	0,823 l. p. m.	0,402 kilogr.
Rixdaler , = 30 filvers , = 360 den.	3 l. 15 f. 8 d.	3,784 francs.
Florin , = 20 filvers , ...	2 l. 10 f. 6 d.	2,523 idem.
Daler de Siléfie , ...	3 l. 0 f. 6 d.	3,027 gram.
B R E S T. Tonneau , ...	19 f. de P.	28,944 hectol.
B R E T A G N E. Lieue , ...	0,757 l. com.	3,367 kilom.
Journal , = 80 cordes quarrées ,	0,9521 arp. l.	0,4857 hectare
Pot , ...	2 p. de P.	1,902 litres.
Barrique , = 120 pots , = ½ pipe ,	240 idem.	228,289 idem.
Tonneau , = 4 barriques , . . .	960 idem.	913,156 idem.
B R I E. Arpent, = 10 perch. de 20 p.	0,8265 arp. l.	4214 hectare
B R I E U X. (St.) B. Aune, p. l. d.	1,025 a. de P.	1,218 mètre.
Aune pour les toiles , ...	1,161 idem.	1,380 idem.
Pot , ...	1,750 p. de P.	1,665 litres.
Tonneau , ...	210 idem.	200 idem.
Boiffeau , ...	0,175 f. de P.	0,266 hectol.
Julte , = 4 boiffeaux , ...	0,700 idem.	1,065 idem.
B R U G E S. Livre , ...	0,946 l. p. m.	0,463 kilogr.
B R U N S W I C K. Pied , ...	0,875 p. de r.	0,284 mètre.
Aune , ...	0,480 a. de P.	0,570 idem.
Stubgen , = 4 quartiers , ...	3,786 p. de P.	3,601 litres.
Himte nouveau , ...	0,203 f. de P.	0,309 hectol.
Livre , ...	0,952 l. p. m.	0,466 kilogr.
Stein , = 10 livres , ...	9,520 idem.	4,660 idem.
Florin de 1754 , = 12 gros , . .	2 l. 18 f. 1 d.	2,904 francs.
Le titre , 11 d. 20 gr. ; le poids ,	3 gros 31 grains.	13,110 gram.
Charles de Brunswick , ...	19 l. 6 f. 2 d.	19,308 idem.
Le titre, 21 kar. ¾ ; le poids ,	1 gros 51 grains.	6,528 gram.
Ducat de Wurtemberg 1733 ,	24 l. 18 f. 1 d.	24,904 franc.
Le titre , 18 kar. ¾ ; le poids , .	2 gros 40 grains.	9,766 gram.
Ducat de poids 1735 , ...	23 l. 19 f. 6 d.	23,975 franc.
Le titre , 18 kar. ¼ ; le poids ,	2 gros 38 grains.	9,645 gram.
Autre ducat , ...	11 l. 0 f. 6 d.	11,025 franc.
Le titre , 23 kar. ½ ; le poids ,	65 gr.	3,450 gram.
Carolin d'or , ...	23 l. 17 f. 6 d.	23,875 francs.

Le titre, 18 kar. ⅜ ; le poids ,	2 gros 36 grains.	9,936 gram.
Ecu, efpece, de Brunswick, 1654 ,	5 l. 13 f. 1 d.	5,654 francs.
Le titre, 10 den. 13 gr. ; le poids ,	7 gros 36 grains.	28,661 gram.
Florin de Brunswick , de 1697 ,	3 l. o f. 11 d.	3,046 franc.
Le titre, 10 den. 13 grains ; le poids	4 gros 3 grains.	15,445 gram.
BRUXELLES. Pied , ...	0,849 p. de r.	0,276 mètre.
Aune de Brabant , ...	0,584 a. de P.	0,694 idem.
Petite aune , ...	0,576 idem.	0,684 idem.
Sac , ...	0,758 f. de P.	1,154 hectol.
Livre , = 2 marcs , = 16 onces ,	1,005 l. p. m.	0,491 kilogr.
Livre de commerce , ...	0,946 idem.	0,463 idem.
Florin cour. = 20 patars , . . .	1 l. 17 f. 11 d.	1,896 francs.
Patar , ...	1 f. 11 d.	0,095 idem.
Florin de banque , ...	2 l. 4 f. 3 d.	2,213 idem.
Livre de gros , = 6 florins cour.	11 l. 7 f. 6 d.	11,375 idem.
Sol de gros ou efcalin , ...	11 f. 4 d.	0,568 idem.
Souverain , 1647 , ...	33 l. 3 f. 5 d.	33,171 idem.
Le titre, 22 karats ; le poids , .	2 gros 65 grains.	11,093 gram.
Souverain , de 1749 , ...	33 l. 9 f. 5 d.	33,471 francs.
Le titre, 22 karats ; le poids , .	2 gros 65 grains.	11,093 gram.
Ducaton , = 3 ½ florins courants ,	6 l. 12 f. 8 d.	6,633 franc.
Le titre, 11 deniers ; le poids , . .	1 once 31 gr.	31,893 gram.
Ecu de Liége , ...	5 l. 7 f. 7 d.	5,379 franc.
Le titre, 11 den. 8 gros ; le poids ,	7 gros 20 grains.	27,813 gram.
Couronne d'argent , ...	5 l. 12 f. 7 d.	5,629 franc.
Le titre, 10 den. 10 gros ; le poids,	7 gros 58 grains.	30 gram.
BUCHY. Boiffeau , ...	0,216 f. de P.	0,328 hectol.
CADIX. Vara , ...	0,701 a. de P.	0,833 mètre.
Azumbre , = 4 quartillos , . . .	2,016 p. de P.	1,920 litres.
Arrobe , = 8 azumbres , ...	16,134 idem.	15,360 idem.
L'arrobe d'huile d'olive pefe , . .	28,646 l. p. m.	14,015 kilogr.
Botte de vin , = 30 arrobes , . .	484,020 p. de P.	460,800 litres.
La botte d'huile d'olive pefe , . .	859,380 l. p. m.	424,500 kilogr.
Left ou laftre de fel , = 4 cahis ,	16,881 f. de P.	25,728 hectol.
Suron d'anis , = 100 livres , . .	92,406 l. p. m.	45,200 kilogr.
La paca de coton , ...	92,406 idem.	45,200 idem.

Le baril de café , = 183 livres ,	169,103 l. p. m.	82,716 kilogr.
La fanéga de cacao , = 110 livres ,	101,646 idem.	49,720 idem.
La caisse de sucre , = 16 arrobes ,	369,040 idem.	180,496 idem.
Réal de plate vieille , = 16 quarts ,	10 f. 3 d.	0,513 idem.
CAHORS. Quarte , ...	0,187 f. de P.	0,285 hectol.
CAILLY. Boisseau , ...	0,154 idem.	0,235 idem.
CALAIS. Setier , ...	1,083 idem.	1,649 idem.
CAMBRAY. Aune , ...	0,617 a. de P.	0,733 mètre.
CANI. Boisseau , = $\frac{1}{8}$ fac , . .	0,240 f. de P.	0,365 hectol.
CARCASSONNE. Setier , . .	0,542 idem.	0,824 idem.
CASTELNAUDARY. Setier ,	0,454 idem.	0,691 idem.
CAUDEBEC. Boisseau , = $\frac{1}{4}$ mine ,	0,154 idem.	0,235 idem.
CETTE. Setier , ...	0,433 idem.	0,656 idem.
CHABLIS, Muid , ...	296 p. de P.	281,557 litres.
CHALONNOIS. Quarteau , .	115 p. de P.	109,641 litres.
Demi - queue , ...	234 idem.	222,582 idem.
CHALONS-SUR-SAONE. Bichet , .	1,200 f. de P.	1,824 hectol.
CHAMPAGNE. Lieue , . . .	1 l. com.	4,444 kilom.
Quarteau , ...	98,333 p. de P.	93,532 litres.
Demi-queue légale , ...	198 idem.	188,339 idem.
CHARITÉ. (la) Boisseau , .	0,125 f. de P.	0,190 hectol.
CLERES. Boisseau , vér. . . .	0,258 idem.	0,392 idem.
COGNAC. Baril pour l'eau-de-vie ,	216 p. de P.	210,247 litres.
COLOGNE. Pied , ...	0,847 p. de r.	0,276 mètre.
Grande aune , ...	0,585 a. de P.	0,694 idem.
Petite aune , ...	0,486 idem.	0,577 idem.
Maas , ...	1,603 p de P.	1,525 litres.
Ohm , = 26 viertels , = 104 maas ,	166,700 idem.	154,967 idem.
Malter , ...	1,063 f. de P.	1,583 hectol.
Marc , = 8 onces , = 16 lots ,	0,478 l. p. m.	0,234 kilogr.
Livre , = 2 marcs , = 9728 as ,	0,956 idem.	0,467 idem.
Rixdale cour. = 78 albus , . . .	3 l. 17 f. 5 d.	3,870 francs.
Rixdale , efpece , = 80 albus ,	3 l. 19 f. 4 d.	3,969 idem.
Rixdale de convertion , ...	5 l. 5 f. 10 d.	5,292 idem.
Ducat , = 2 rixdales de convertion.	11 l. 3 f. 0 d.	11,150 idem.
CONDRIEUX. Vafe , ...	80 p. de P.	76,096 litres.

CONSTANTINOPLE. Pichis ou pic ſt.	2,183 p. de r.	0,709 mètre.
Grande Pichys , ...	0,596 a. de P.	0,709 idem.
Endrezeh , ...	0,540 idem.	0,642 idem.
Petite pichys , ...	0,556 idem.	0,606 idem.
Pichys pour les cannevas , . . .	0,697 idem.	0,828 idem.
Alm , ...	18,040 p. de P.	17,160 litres.
Kilo, kiſlo ou quillot , ...	0,233 ſ. de P.	0,354 hectol.
Cheky , = 10 drachmes , ...	0,652 l. p. m.	0,319 kilogr.
Lodra ou rote, = 2 chekys, = ½ oque	1,303 idem.	0,637 idem.
Petit batman , = 2 oques , . . .	5,212 idem.	2,550 idem.
Grand batman, = 4 petits batmans.	20,848 idem.	10,200 idem.
Quintal , 7 ⅓ gr. batmans , . . .	152,880 idem.	74,800 idem.
Piaſtre, = 40 parais , = 120 aſpres,	3 l. 1 ſ. 10 d.	3,092 francs.
Le titre , 6 den. 18 gr. ; le poids ,	6 gros 29 grains.	24,456 gram.
Olik ou onlik , = 10 aſpres , . .	5 ſ. d.	0,260 francs.
Aſpre , = 4 manquir , ...	6 d.	0,026 idem.
Para, parat, medin , ...	1 ſ. 7 d.	0,077 francs.
Sequin foudroukly , ...	10 l. 15 ſ. 9 d.	10,787 idem.
Le titre , 23 karats ; le poids , .	65 gr.	3,450 gram.
Sequin zeremaboub , ...	6 l. 16 ſ. 10 d.	6,842 francs.
Le titre , 19 ¾ karats ; le poids ,	48 grains.	2,548 gram.
Piece de 3 ſequins foudroukly ,	33 l. 8 ſ. 4 d.	33,417 franc.
Le titre , 23 karats ½ ; le poids ,	2 gros 53 grains.	10,455 gram.
Sequin ſtamboub , ...	10 l. 8 ſ. 9 d.	10,437 francs.
Le titre , 22 karats ¼ ; le poids ,	65 grains.	3,450 gram.
Sequin zingerli , ...	8 l. 8 ſ. 11 d.	8,444 francs.
Le titre , 18 karats ; le poids ,	65 grains.	3,450 gram.
Ancien zeremaboub , ...	8 l. 6 ſ. 2 d.	8,308 franc.
Le titre , 23 karats ½ ; le poids ,	49 grains.	2,600 gram.
Ancien ſequin foudroukly , . . .	102 l. 5 ſ. 10 d.	102,292 francs.
Le titre , 23 karats ½ ; le poids ,	8 gros 27 grains.	3,197 gram.
Sequin neuf zeremaboub , . . .	76 l. 10 ſ. 7 d.	76,529 franc.
Le titre , 18 karats ; le poids ,	8 gros 13 grains.	31,260 gram.
Sequin tiſſis , ...	10 l. 17 ſ. 1 d.	10,854 franc.
Le titre , 23 karats ½ ; le poids ,	64 grains.	3,397 gram.
Sequin touvaly , ...	7 l. 12 ſ. 5 d.	7,621 franc.

Le titre, 16 karats ½ ; le poids,	64 grains.	3,397 gram.
Cours des monn. de ch. arg. de Fr.		
La piaftre, = 40 parats, = 120 afp.	3 l.	3 franc.
Sequin zermapouf, 2 p. & 9 afpr.	8 l. 10 f.	8,500 idem.
Sequin iftambol, = 3 p. & 60 afp.	10 l. 10 f.	10,500 idem.
Sequin foudroukly, 3 p. & 105 afp.	11 l. 15 f.	11,750 idem.
COPENHAGUE. *Voyez* DANEMARCK.		
CORBEIL. Setier, = 8 boiffeaux,	1,027 f. de P.	1,562 hectol.
COROGNE. (la) Quartillo ,	0,593 p. de P.	0,565 litre.
Azumbre, = 4 quartillos, . .	2,372 idem.	2,260 idem.
Canada , ...	40,337 idem.	38,368 idem.
Moyo , ...	161,347 idem.	153,474 idem.
Fanega, = 4 ferradas, ...	0,438 f. de P.	0,667 hectol.
Livre, ...	1,155 l. p. m.	0,565 kilogr.
Arrobe, = 25 livres	28,875 idem.	14,125 idem.
Quintal, = 100 livres, ...	115,500 idem.	56,500 idem.
COURTRAI. Aune, ...	0,625 a. de P.	0,743 mètre.
CRIQUETOT-L'ESNEVAL. Boiffeau.	0,263 f. de P.	0,401 hectol.
DANNEMARCK. Pied, = 12 pouces.	0,966 p. de r.	0,314 mètre.
Alen , aune, = 2 fools ou pieds,	0,528 a. de P.	0,628 idem.
Faon ou toife, = 6 pieds, . . .	0,966 toife.	1,884 idem.
Lieue, ...	1,692 l. com.	7,522 kilom.
Tonde-haft-korn, = 32 fierdingker.	2,1590 arp. l.	1,1019 hectare
Pot, ...	1,014 p. de P.	0,964 litre.
Kande, = 2 pots, = 8 peeles, . .	2,028 idem.	1,929 idem.
Anker, = 39 pots, ...	39,550 idem.	37,620 idem.
Pied cubique danois, = 32 pots,	32,450 idem.	30,866 idem.
Alme, = 155 pots, ...	157,200 idem.	149,530 idem.
Tonne à bierre , = 68 kandes,	137,900 idem.	131,172 idem.
Tonne pour l'huile, ...	123,700 idem.	117,660 idem.
Le contenu en huile d'olive pefe,	218,885 l. p. m.	107,070 kilogr.
Tonne à goudron, = 120 pots,	124,100 p. de P.	118,447 litres.
Tonne à fel, = 88 kandes, . .	178,500 idem.	169,790 idem.
Tonne à beurre, fuifs & falaifons,	137,900 idem.	131,172 idem.
Laft de hareng, = 12 tonnes ,	1654,800 idem.	1,574 kilolit.
Tonde ou tonne, = 8 skiepper,	0,913 f. de P.	1,390 hectol.

Marc , = 16 lots , = 256 orts ,	0,482 l. p. m.	!236 gram.
Pund ou livre de commerce , . .	1,021 idem.	0,499 kilogr.
Lifpund , = 16 punds , ...	16,328 idem.	7,987 idem.
Skippund , = 20 lifpunds , . . .	326,560 idem.	159,730 idem.
Laft de commerce , = 5200 punds ,	2,653 t. d. m.	2,596 t. d. m.
Rixdale , = 6 marcs dan. ou 3 m. lub.	4 l. 3 f. 8 d.	4,185 francs.
Marc danois , = 16 fch. ou 8 fch. l.	13 f. 11 d.	0,697 idem.
Daler , = 4 marcs dan. ou 2 marcs l.	2 l. 15 f. 9 d.	2,787 idem.
Marc lub , ...	1 l. 7 f. 10 d.	1,392 franc.
Scheling danois , ...	10 d.	0,043 idem.
Scheling lub , ...	1 f. 9 d.	0,087 idem.
Ducat , ...	11 l. 2 f. 11 d.	11,146 idem.
Le titre , 23 karats $\frac{3}{4}$; le poids ,	65 grains.	3,450 gram.
Rixdale , = 7 marcs danois , . .	5 liv.	5 francs.
Le titre , 9 den. 21 gr. ; le poids ,	7 gros 6 grains.	27,071 gram.
DANTZICK. Vér, pied , . .	0,883 p. de r.	0,287 mètre.
Aune , ...	0,483 a. de P.	0,573 idem.
Stoffe pour la bierre , ...	1,490 p. de P.	1,417 litres.
Stoffe pour le vin , ...	1,850 idem.	1,761 idem.
Scheffel , ...	0,317 f. de P.	0,483 hectol.
Laft , ...	19,042 idem.	28,980 idem.
Livre , ...	0,875 l. p. m.	0,428 kilogr.
Daler courant , = 3 florins , . .	3 l. 7 f. 11 d.	3,398 franc.
Florin , = 30 gros , ...	1 l. 2 f. 8 d.	1,133 idem.
Gros polonois , ...	9 d.	0,038 idem.
Rixdale , efpece , ...	5 l. 13 f. 3 d.	5,663 idem.
DAUPHINÉ. Pied , ...	1,049 p. de r.	0,341 mètre.
Aune , ...	1,657 a. de P.	1,969 idem.
DARNÉTAL. Boiffeau , . . .	0,214 f. de P.	0,326 hectol.
DENIS. (Saint) Pinte , . . .	1,556 p. de P.	1,480 litre.
DIEPPE. Pied.	0,965 p. de r.	0,313 mètre.
Boiffeau , ...	0,169 f. de P.	0,258 hectol.
DIJON. Pied , ...	0,967 p. de r.	0,313 mètre.
Aune , B.	0,995 a. de P.	1,182 idem.
Pinte , B.	1,687 p. de P.	1,605 litres.
Tonneau , B.	240 idem.	228,566 idem.

Pinte pour l'huile , ...	2,037 p. de P.	1,938 litre.
La pinte d'huile d'olive pefe, .	3,607 l. p. m.	1,764 kilogr.
Boiffeau , B.	0,195 f. d. P.	0,297 hectol.
Emine , B.	0,313 idem.	0 476 idem.
DONNEMARIE. Setier, = 8 bichets,	1 f. d. P.	1,522 idem.
DORT. Livre , ...	1,005 l. p. m.	0,491 kilogr.
DOUAI. B. Pied , ...	0,917 p. de r.	0,298 mètre.
Aune, ...	0,707 a. de P.	0,840 idem.
Verge quarrée , ...	0,0070 arp. l.	0,0035 hectare
Pot, ...	2,167 p. de P.	2,061 litre.
Pot à bierre , ...	2,641 idem.	2,512 idem.
Pot pour l'huile de navette , .	6,416 idem.	6,104 idem.
Le contenu de cette mefure pefe ,	11,355 l. p. m.	5,555 kilogr.
Rafiere , ...	0,564 f. de P.	0,858 hectol.
Livre, ...	0,873 l. p. m.	0,428 kilogr.
DRESDE. Pied , ...	0,871 p. de r.	0,283 mètre.
Aune, ...	0,476 a. de P.	0,566 idem.
Anker , = 36 kannes , ...	36 p. de P.	34,243 litres.
Eimer , = 2 ankers , ...	72 idem.	68,486 idem.
Tonneau pour la bierre, = 100 kan.	100 idem.	95,121 idem.
Scheffel , = 4 viertels, $\frac{1}{24}$ wifpel,	0,688 f. de P.	1,048 hectol.
Livre , = $\frac{1}{22}$ fteen , ...	0,954 l. p. m.	0,467 kilogr.
Rixdaler cour. = 24 bons gros,	4 l. 7 f. 3 d.	4,363 francs.
Florin , = 16 bon gros, . . .	2 l. 18 f. 2 d.	2,908 idem.
Bon gros, ...	3 f. 8 d.	0,183 idem.
Augufte double , ...	38 l. 19 f. 1 d.	38,954 idem.
Le titre , 21 karats $\frac{1}{2}$; le poids,	3 gros 35 grains.	13,317 gram.
Ducat de Saxe , ...	11 l. 0 f. 6 d.	11,025 francs.
Le titre , 23 karats $\frac{1}{2}$; le poids,	65 grains.	3,450 gram.
Rixdale de Drefde, = 32 gros,	5 l. 16 f. 4 d.	5,817 franc.
Le titre, 10 den. 15 grains ; le poids,	7 gros 47 grains.	29,242 gram.
DUBLIN. Livre , ...	1,018 l. p. m.	0,498 kilogr.
DUCLAIR. Boiffeau , ...	0,179 f. de P.	0,273 hectol.
DUNKERQUE. Pot, ...	2,410 p. de P.	2,292 litre.
Baril de morue, ...	162,688 idem.	154,750 idem.
Raziere de mer , ...	1,054 f. de P.	1,604 hectol.

Raziere de terre, ...	1 f. de P.	1,522 hectol.
Livre , ...	0,860 l. p. m.	0,421 kilogr.
Ecosse. Lieue , ...	0,500 l. com.	2,222 kilom.
Pint , ...	1,807 p. de P.	1,719 litres.
Firlot, ...	0,236 f. de P.	0,359 hectol.
Elbeuf. Vér. Mine, = 4 boiffeaux ,	0,862 idem.	1,312 idem.
Embden. Aune, ...	0,564 a. de P.	0,670 mètre.
Tonneau , ...	1,255 f. de P.	1,910 idem.
Livre , ...	1,010 l. p. m.	0,494 kilogr.
Englesqueville. Boiffeau , . .	0,222 f. de P.	0,337 hectol.
Envermeu. Boiffeau , ...	0,144 idem.	0,219 idem.
Espagne. Lieue juridiq. = 3 mille.	0,938 l. com.	4,166 kilom.
Mille , = 25 ftades , ...	0,312 idem.	1,388 idem.
Lieue horaire , = 4 mille , . . .	1,250 idem.	5,555 idem.
Lieue nouvelle depuis 1760 , . .	1,500 idem.	6,666 idem.
Eftadal , = 4 vares fuperficielles ,	0,7317 toife.	2,7777 mètres
Fanéga , = 400 eftadales , . . .	21,7700 per. l.	11,1111 ares.
Yuyada , = 50 fanégas , ...	10,8850 arp. l.	5,5555 hectar.
Arazada pour les vignes , ...	73,1730 perc. l.	37,3457 ares.
Monnoies. *Voyez* Madrid.		
E u. Boiffeau , ...	0,123 f. de P.	0,187 hectol.
E v r e u x. Boiffeau , = $\frac{1}{6}$ fac,	0,215 idem.	0,327 idem.
Fauville. Boiffeau , . . .	0,252 idem.	0,383 idem.
Fécamp. Boiffeau , ...	0,264 idem.	0,401 idem.
Florence. Bras ou pied géograph.	1,792 p. de r.	0,582 mètre.
Cavezzo , = 2 pas , = 6 pieds ,	10,750 idem.	3,492 idem.
Braffe pour les draps , = 2 palmes	0,490 a. de P.	0,582 idem.
Braffe pr les foier., = 2 pal. = $\frac{1}{4}$ can.	0,502 idem.	0,596 idem.
Mille , ...	0,366 l. com.	1,628 kilom.
Flacon pour le vin , ...	2,119 p. de P.	2,015 litres.
Baril pour le vin , = 20 flacons ,	42,380 idem.	40,312 idem.
Baril pour l'huile , ...	33,900 idem.	32,246 idem.
Le baril d'huile d'olive pefe , . .	60 l. p. m.	29,344 kilogr.
Staia , ...	0,156 f. de P.	0,237 hectol.
Livre , ...	0,694 l. p. m.	0,339 kilogr.
Ecu d'or , = 7,5 livres , = 20 fols.	6 l. 8 f. 8 d.	6,435 francs.

Ducat ou piastre, = 7 liv. = 20 f.	6 l. 0 f. 1 d.	6,006 francs.
Livre, = 20 fols, = 240 den. .	17 f. 2 d.	0,858 idem.
Le titre, 12 den. 10 gr.; le poids,	1 gros 4 grains,	4,034 gram.
Paul ou Jule, = 8 crazie, = 13 ⅓ f.	11 f. 5 d.	0,571 francs.
Piece de 3 fequins, = 40 liv.,	33 l. 7 f. 8 d.	33,383 idem.
Le titre, 23 kar. $\frac{13}{16}$; le poids,	2 gros 52 grains.	10,400 gram.
Sequin, = 13 liv. 6 f. 8 d. . . .	11 l. 7 f. 5 d.	11,371 francs.
Le titre, 23 kar. $\frac{7}{8}$; le poids,	66 grains.	3,503 gram.
FRANCE. Pied de roi, . . .	12 pouces.	0,325 mètre.
Pas géométrique, ...	5 p. d. r.	1,624 idem.
Pas de camp, ...	3 idem.	0,974 idem.
Perche légale, ...	22 idem.	7,144 idem.
Lieue horaire de 20 au degré,	1,250 l. com.	5,555 kilom.
Lieue commune de 25 au degré,	2281 toifes.	4,444 idem.
Mille marin, ...	0,417 l. com.	1,852 idem.
Perche légale, 22 pieds, ...	1 perc. l.	0,510 ares.
Arpent légal, = 100 perch. de 22 p.	1 arp. l.	0,510 hectar.
Tonneau pour la jauge des navires,	42 p. cub.	1,438 ares.
Tonneau pour le port des navires,	2000 l. p. m.	0,978 t. d. m.
Livre, = 20 fols, ...	1 liv.	1 franc.
Sol, = 12 deniers, ...	1 fol.	0,050 idem.
Denier, ...	1 d.	6,004 idem.
Pistole, ...	10 liv.	10 francs.
Louis, ...	24 liv.	24 idem.
Le titre, 21 kar. ½; le poids, . .	2 gros.	7,643 gram.
Ecu, ...	6 liv.	6 franc.
Ecu de change & effectif, . . .	3 d.	3 idem.
Le titre, 11 deniers; le poids,	7 gros 42 g.	29,110 gram.
Nouvelle piece d'or, (a)	24 liv.	24 francs.
Le titre, 21 ½ karats; le poids,	2 gros.	7,643 gram.

(a) On voit que dans cette nouvelle fabrication, la Loi du 28 Fructidor an III, dont j'ai parlé à la page 81, n'a pas été fuivie pour le poids des pieces d'or. Elle l'a été pour celui des pieces d'argent; mais cette valeur de 5 liv. 1 f. 3 d. ou 5,063 franc, est onéreufe au commerce par la difficulté des comptes, & même préjudiciable à cette forte d'efpece, puifque dans le commerce de détail on est fouvent obligé de les donner pour 5 francs.

Nouvelle pièce d'argent , ...	5 l. 1 f. 3 d.	5,063 francs.
Le titre , $\frac{9}{10}$ argent pur ; le poids ,	6 gros 39 grains.	25 gram.
FRANCFORT-SUR-LE-MEIN. Pied.	0,875 p. de r.	0,284 mètre.
Perche , = 12 pieds $\frac{1}{2}$, ...	10,938 idem.	3,552 idem.
Aune pour la toile , ...	0,454 a. de P.	0,539 idem.
Idem pour les draps , ...	0,472 idem.	0,561 idem.
Arpent, = 160 perch. = 25000 p. q.	0,3955 arp. l.	0,2018 hectare
Maas, = 4 chopines , = $\frac{1}{4}$ viertel ,	1,958 p. de P.	1,862 litres.
Ohm , = 20 viertels , = $\frac{1}{6}$ fuder ,	156,700 idem.	149,030 idem.
Malder , = 24 fimerus , ...	0,709 f. de P.	1,079 hectol.
Livre , du poids à la livre , . . .	0,953 l. p. m.	0,466 kilogr.
Livre du poids au quintal , . . .	1,020 idem.	0,499 idem.
Rixdaler cour. = 90 kreutzers ,	3 l. 19 f. 4 d.	3,969 franc.
Florin, = 15 batz , = 60 kreutz.	2 l. 12 f. 10 d.	2,646 idem.
Batz , ...	3 f. 6 d.	0,175 idem.
Ducat , ...	11 l. 4 f. 9 d.	11,237 idem.
Rixdaler vieux , efpece , ...	5 l. 17 f. 3 d.	5,865 idem.
FRANCFORT-SUR-L'ODER. Aune ,	0,559 a. de P.	0,664 mètre.
Livre , ...	0,952 l. p. m.	0,464 kilogr.
FRANCHE-COMTÉ. Pied ,	1,100 p. de r.	0,357 mètre.
Ouvrée, = 24 chaînes quar. de 24 p.	0,3452 arp. l.	0,1760 hectare
GAILLEFONTAINE. Boiffeau , . .	0,144 f. de P.	0,219 hectol.
GALL. (St.) Aune pour les toiles ,	0,674 a. de P.	0,800 mètre.
Aune pour les draps , ...	0,519 idem.	0,616 idem.
Poids léger , ...	0,646 l. p. m.	0,316 kilogr.
Poids pefant , ...	0,946 idem.	0,462 idem.
Florin, = 60 kreutzers , ...	2 l. 9 f. 10 d.	2,492 franc.
Pièce de 30 kreutzers , ...	1 l. 4 f. 11 d.	1,246 idem.
Ducat double , ...	21 l. 16 f. 4 d.	21,817 idem.
Le titre , 23 karats $\frac{1}{4}$, ...	1 gros 58 grains.	6,898 gram.
GASCOGNE. Lieue, = 3000 toif. de P.	1,314 l. com.	5,839 kilom.
GATINOIS. Arpent, = 100 perch. q.	0,8264 arp. l.	0,4214 hectare
GÈNES. Palme , $\frac{1}{10}$ canne , pr. lest.	0,204 a. de P.	0,242 mètre.
Canne, idem , = 9 pal. pr les ét. de l.	1,836 idem.	2,178 idem.
Pinte pour le vin , ...	1,838 p. de P.	1,749 litre.
Baril , idem , ...	57,600 idem.	54,790 idem.

Rub pour l'huile , ...	9,117 p. de P.	8,672 litres.
Baril idem , 7 ½ rubs , ...	68,380 idem.	65,043 idem.
Le baril d'huile d'olive pefe , . .	121 l. p. m.	59,189 kilogr.
Hemine , ...	0,766 f. de P.	1,398 hectol.
Livre petite , = 12 onc. = 6912 gr.	0,648 l. p. m.	0,317 kilogr.
Livre groffe pour les groff. march.	0,649 idem.	0,318 idem.
Rotolo , 1 ½ livre groffe , ...	0,973 idem.	0,476 idem.
Rubb, = 25 liv. pet. poids pr la foie.	16,190 idem.	7,922 idem.
Rubb , = 25 liv. grand poids ,	24,343 idem.	11,907 idem.
Cantaro , = 6 rubbs grand poids ,	146 idem.	71,425 idem.
Livre cour. h. b. = 20 fols , . .	16 f. 8 d.	0,833 franc.
Sol , = 12 deniers , ...	10 d.	0,041 idem.
Livre banco. = 20 f. = 240 den. .	19 f. 2 d.	0,958 idem.
Piaftre , = 20 f. = 5 l. bq.	4 l. 15 f. 9 d.	4,787 idem.
Ecu , = 4 l. bq. ou 4 l. 12 f. hb. .	3 l. 16 f. 8 d.	3,833 idem.
Sequin , ...	14 l. 4 f. 2 d.	14,208 idem.
Le titre , 23 kar. $\frac{31}{32}$ gr. ; le poids,	65 grains.	3,450 gram.
Genève. Aune pour la toile , . .	0,961 a. de P	1,142 mètres.
Aune pour les draps , ...	0,978 idem.	1,162 idem.
Pot de Genève , ...	1,015 p. de P.	0,965 litres.
Setier , $\frac{1}{12}$ fouder , ...	48,710 idem.	46,336 idem.
Sac ou coupe , ...	0,510 f. de P.	0,776 hectol.
Poids léger , ...	0,933 l. p. m.	0,456 kilogr.
Poids pefant , ...	1,118 idem.	0,546 idem.
Livre courante , = 20 fols , . . .	1 l. 14 f. 2 d.	1,707 franc.
Sol courant , ...	1 f. 8 d.	0,083 idem.
Livre de Genève , ...	16 f. 3 d.	0,813 idem.
Florin , ...	9 f. 9 d.	0,488 franc.
Piftole , = 10 livres , ...	17 l. 0 f. 2 d	17,008 franc.
Le titre , 22 karats ; le poids , .	1 gros 35 grains.	5,679 gram.
Ecu patagon de 1722, = 3 liv.	5 l. 2 f. 6 d.	5,121 franc.
Le titre , 10 den. 3 gr. ; le poids ,	7 gros 5 grains.	2,700 gram.
Gien. Carfe , ...	0,104 f. de P.	0,159 hectol.
Goderville, Boiffeau , ...	0,258 idem.	0,392 idem.
Gonesse. Setier , ...	1 idem.	1,522 idem.
Gonneville. Boiffeau , ...	0,268 idem.	0,408 idem.

GOURNAI. Boiſſeau , ...	0,216 ſ. de P.	0,328 hectol.
GRAI. Meſure, ...	0,167 idem.	0,254 idem.
GRANDCOURT. Boiſſeau , .	0,132 idem.	0,201 idem.
HAMBOURG. Pied , vér. . .	0,875 p. de r.	0,284 mètre.
Aune , ...	0,484 a. de P.	0,575 idem.
Kanne , ½ ſtubgen , ¼ viertel , . .	1,901 p. de P.	1,808 litres.
Anker, = 5 viertels, = 10 ſtubgens,	38,030 idem.	36,173 idem.
Tonne de bierre , = 48 ſtubgens,	182,500 idem.	173,640 idem.
Foeder, = 6 ohms, = 24 ankers,	912,700 idem.	868,150 idem.
Eimer, = 4 viertels, ...	30,420 idem.	28,938 idem.
Tonne de beurre, = 16 lyſpunds,	221,600 l. p. m.	108,400 kilogr.
Tonne pour l'huile de baleine ,	129,300 p. de P.	122,990 litres.
La tonne d'huile peſe , ...	227,515 l. p. m.	111,291 kilogr.
Scheppel, = ½ ſac, = 2 waten ,	0,692 ſ. de P.	1,053 hectol.
Wiſpel, = 15 ſcheppels , . . .	10,375 idem.	15,790 idem.
Laſt, = 2 wiſpel, ...	20,750 idem.	31,580 idem.
Livre , poids de Cologne , . . .	0,955 l. p. m.	0,467 kilogr.
Livre pour les marchandiſes comm.	0,989 idem.	0,484 idem.
Stein pour la laine , ...	9,898 idem.	4,842 idem.
Stein pour le chanvre , = 20 liv.	19,788 idem.	9,684 idem.
Lyſpund , = 14 livres , ...	13,850 idem.	6,780 idem.
Schippund, = 20 lyſpunds , . .	277 idem.	135,050 idem.
Lyſpund pour les voitur. des marc.	15,830 idem.	7,743 idem.
Schippund , = 20 de ces lyſpunds,	316,600 idem.	154,872 idem.
Quintal, = 112 livres , ...	110,810 idem.	54.200 idem.
Marc. lub. = 16 ſ. ou ſchelings lubs.	1 l. 10 ſ. 6 d.	1,525 francs.
Sol lub ou ſcheling, = 12 penings,	1 ſ. 11 d.	0,095 idem.
Rixdale cour. = 48 ſols lubs , .	4 l. 11 ſ. 6 d.	4,575 idem.
Livre de gros , = 20 ſols de gros ,	11 l. 8 ſ. 9 d.	11,437 idem.
Sol de gros ou eſcal. = 12 den. de g.	11 ſ. 5 d.	0,572 idem.
Denier de gros , ...	1 ſ.	0,048 idem.
Ducat , ...	10 l. 19 ſ. 4 d.	10,964 idem.
Le titre, 23 ⅛ karats; le poids ,	65 grains.	3,450 gram.
Rixdale, eſpece, ou écu, = 10 eſc.	5 l. 15 ſ. 5 d.	5,771 franc.
Le titre, 10 den. 4 gr., ...	7 gros 45 grains.	29,138 gram.
HANOVRE , ...	0,902 p. d. r.	0,293 mètre.

Aune, ...	0,492 a. de P.	0,584 mètre.
Ankre, = 10 ſtubchens , = 20 kann.	40,970 p. de P.	38,973 litres.
Livie , = $\frac{1}{10}$ ſtein , ...	0,995 l. p. m.	0,487 kilogr.
Je n'ai point la monnoie de compte.		
Ducat de Georges I , 1724 , . . .	11 l. 4 ſ. 10 d.	11,242 franc.
Le titre , 23 $\frac{15}{16}$ karats ; le poids ,	65 grains.	3,450 gram.
Ducat de Georges II , ...	10 l. 17 ſ. 1 d.	10,854 francs.
Le titre , 23 kar. $\frac{1}{2}$; le poids , . .	63 grains.	3,347 gram.
Florin double , ...	16 l. 10 ſ. 3 d.	16,513 francs.
Le titre , 18 kar. $\frac{3}{4}$; le poids , .	1 gros 50 grains.	6,477 gram.
Ecu , eſpece , 1755 , ...	5 l. 11 ſ. 3 d.	5,563 francs.
Le titre , 10 d. 14 grains ; le poids ,	7 gros 25 grains.	28,070 gram.
Bon florin , 1754 , ...	2 l. 14 ſ. 4 d.	2,717 franc.
Le titre , 8 den. 22 gr. ; le poids ,	4 gros 19 grains.	16,300 gram.
HARFLEUR. Boiſſeau , . . .	0,261 ſ. de P.	0,397 hectol.
HARLEM. Pied , ...	0,880 p. de r.	0,284 mètre.
Aune pour les toiles , ...	0,625 a. de P.	0,743 idem.
Autre , ...	0,575 idem.	0,683 idem.
Sak , = 3 ſcheffels , ...	0,496 ſ. de P.	0,752 hectol.
HAVRE. (le) Boiſſeau , . . .	0,252 idem.	0,383 idem.
Livre , ...	1 l. p. m.	0,489 kilogr.
HEIBELBERG. Maas , . . .	2,456 p. de P.	2,336 litres.
Viertel , ...	9,825 idem.	9,344 idem.
Fuder , = 6 ohms , = 24 ankers ,	1179 idem.	1121,500 idem.
Tonne , = 204 fuders , ...	837 m. d. P.	229,527 kilolit.
HERMITAGE. (l') Muid , .	384 p. de P.	365,273 litres.
HOLLANDE. Lieue , = 24000 p. du R.	1,694 l. com.	7,529 kilom.
Mille de 20 au degré , ...	1,250 idem.	5,555 idem.
Mille de 75 au degré , ...	0,333 idem.	1,481 idem.
Arpent du Rhin , = 120 rœds q. .	0,3336 arp. l.	0,1703 hectare
Monnoies. *Voyez* AMSTERDAM.		
JOIGNY. Muid réglé en 1683 ,	296 p. de P.	281,557 litres.
KONISBERG. Vér. pied , ...	0,973 p. de r.	0,316 mètre.
Aune , ...	0,565 a. de P.	0,671 idem.
Maas , ...	1,193 p. de P.	1,135 litres.
Scheffel nouveau , ...	0,338 ſ. de P.	0,514 hectol.

Laſt , = 60 ſcheffels vieux , . . .	19,142 ſ. de.P.	29,123 hectol.
Livre , ...	0,958 l. p. m.	0,469 kilogr.
Stein, = 32 livres , = $\frac{1}{10}$ ſchippund ,	30,656 idem.	15,008 idem.
Monnoies. *Voyez* BERLIN. . . .		
LA BOUILLE. Boiſſeau , . .	0,214 ſ. de P.	0,326 hectol.
LAURENT. (Saint) Boiſſeau , .	0,154 idem.	0,235 idem.
LAVAL. Aune , ...	1,200 a. de P.	1,426 mètres.
LEIPSICK. Pied , ...	0,885 p. de r.	0,287 mètre.
Aune pour la ſoie , ...	0,580 a. de P.	0,689 idem.
Aune pour la laine , ...	0,476 idem.	0,566 idem.
Kanne , ...	1,258 p. de P.	1,194 litres.
Anker , ...	39,641 idem.	37,705 idem.
Eimer , = 2 ankers , ...	79,283 idem.	75,411 idem.
Fuder , = 12 eimers , ...	951,400 idem.	904,960 idem.
Tonne à bierre , ...	91,770 idem.	87,290 idem.
Scheffel , = $\frac{1}{12}$ malter , = $\frac{1}{24}$ wiſpel ,	0,903 ſ. de P.	1,372 hectol.
Malter , = 12 ſcheffels , ...	10,842 idem.	16,464 idem.
Livre , = 32 lots , ...	0,952 l. p. m.	0,466 kilogr.
Stein , = 22 livres , ...	20,944 idem.	10,240 idem.
Quintal , = 110 livres , ...	104,720 idem.	51,117 idem.
Poids des mines , ...	0,916 idem.	0,448 idem.
Poids pour l'acier , ...	0,885 idem.	0,433 idem.
LEYDE. Pied , ...	0,965 p. de r.	0,314 mètre.
Aune , ...	0,580 a. de P.	0,689 idem.
Sac , = 8 ſcheppels , ... , . .	0,426 ſ. de P.	0,648 hectol.
Livre , ...	0,931 l. p. m.	0,455 kilogr.
LIEGE. Pied , ...	0,896 p. de r.	0,291 mètre.
Aune , ...	0,462 a. de P.	0,549 idem.
Setier , = 8 muddes , ...	0,193 ſ. de P.	0,294 hectol.
Livre , ...	0,966 l. p. m.	0,472 kilogr.
Florin cour. = 20 ſols ou patars ,	1 l. 6 ſ. 5 d.	1,321 franc.
Sol ou patar , ...	1 ſ. 4 d.	0,067 idem.
LILLE. Aune , ...	0,585 a. de P.	0,695 mètre.
Pot , ...	2,410 p. de P.	2,293 litres.
Raziere , ...	0,466 ſ. de P.	0,709 hectol.
Poids peſant , ...	0,943 l. . . m.	0,461 kilogr.

Poids leger , ...	0,874 l. p. m.	0,427 kilogr.
Florin , = 20 fols ou patars , . .	1 l. 5 f.	1,250 franc.
Patar ou ftuyver , ...	1 f. 3 d.	0,063 idem.
Livre de gros , = 6 florins , = 20 f.	7 l. 10 f.	7,500 idem.
Efcalin ou fol de gros , ...	7 f. 6 d.	0,375 idem.
LILLEBONNE. Boiffeau , . .	0,287 f. de P.	0,438 hectol.
LIMOGES. Aune , ...	1 a. de P.	1,188 mètre.
Pinte , ...	1,125 p. de P.	1,070 litres.
Setier , ...	0,335 f. de P.	0,510 hectol.
Livre , ...	1 l. p. m.	0,489 kilogr.
LISBONNE. Caveiro ou palmo , .	0,673 p. de r.	0,281 mètre.
Civido pour la foie , ...	0,552 a. de P.	0,656 idem.
Vara ou barro , ...	0,920 idem.	1,093 idem.
Braffe , = 2 varres , ...	1,839 idem.	2,186 idem.
Canada , ...	1,465 p. de P.	1,394 litres.
Pot ou alquiere , = 6 canadas , .	8,791 idem.	8,362 idem.
L'alquiere ou cantare d'hui. d'ol. p.	15,556 l. p. m.	7,609 kilogr.
Almude , = 2 alquieres ou cantares,	17,582 p. de P.	16,733 litres.
Pipe ou botte , = 26 almudes , (a)	457,100 p. de P.	434,800 litres.
Tonel , = 2 bottes , ...	914,200 idem.	869,600 idem.
Alquiere , *felon M. Michel Ciéra* ,	0,089 f. de P.	0,135 hectol.
Fanego , = 4 alquieres , ...	0,355 idem.	0,542 idem.
Moyo , = 60 alquieres , ...	5,319 idem.	8,096 idem.
Marc , = 8 onc. = 64 ochavos ,	0,469 l. p. m.	0,229 kilogr.
Livre , = 2 marcs , = 16 onces,	0,937 idem.	0,458 idem.
Rotolo , = 12 livres , ...	11,245 idem.	5,500 idem.
Arrobbe , = 32 livres , ...	30 idem.	14,673 idem.
Quintal , = 4 arrobes , ...	120 idem.	58,692 idem.
Arrobe , = 30 *felon quelques-uns* ,	28,111 idem.	13,740 idem.
Quintal , = 4 *arrobes* , ...	112,444 idem.	54,960 idem.
Réis , rées ou rés , ...	1 d. $\frac{11}{13}$.	0,007615 franc.
Piece de 12800 rés ou portugaife ,	85 l. 11 f. 11 d.	85,596 idem.

(a) M. Michel Ciéra n'attribue que 25 almudes à la pipe ; dans ce cas la pipe ne contiendroit que 439,5 pintes de Paris , & le tonel 879,1.

Le titre , 22 karats ; le poids , .	7 gros 35 grains.	28,604 gram.
Creufade velho , = 480 rés or , .	3 l. 5 f.	3,250 francs.
Creufade nouvelle d'or , = 400 rés,	2 l. 13 f. 8 d.	2,682 idem.
Creufade velho argent , = 480 rés,	3 l. 13 f. 1 d.	3,654 idem.
Creufade neuve de 1750, = 400 rés.	3 l. 0 f. 11 d.	3,046 franc.
Le titre , 10 den. 19 gr. ; le poids ,	3 gros 68 grains.	15,095 gram.
LIVOURNE. Pied , ...	1,404 p. de r.	0,456 mètre.
Palme pour les étoffes de laine ,	0,248 a. de P.	0,295 idem.
Bras , = 2 palmes , ...	0,496 idem.	0,590 idem.
Canne , = 8 palmes , ...	1,986 idem.	2,360 idem.
Palme pour la foie , = ½ bras , .	0,245 idem.	0,291 idem.
Bras idem , = 2 palmes , ...	0,490 idem.	0,582 idem.
Canne idem , = 8 palmes , . . .	1,961 idem.	2,330 idem.
Flacon , = 2 bocals pour le vin ,	2,238 p. de P.	2,128 litres.
Baril pour le vin , = 20 flacons ,	44,750 idem.	42,560 idem.
Baril pour l'huile , ...	33,900 idem.	32,246 idem.
Le baril d'huile d'olive pefe , . .	60 l. p. m.	29,344 kilogr.
Sacca , = 3 ftaros , ...	0,486 f. de P.	0,709 hectol.
Livre , = $\frac{1}{102}$ à $\frac{1}{109}$ cantaro , . .	0,701 l. p. m.	0,343 kilogr.
Piaft. 8 réa. = 20 f. = 5 l. 15 f. b. m.	5 l. 2 f. 2 d.	5,109 francs.
Réal , ...	12 f. 9 d.	0,637 idem.
Sol de Piaftre , = 12 den. , . .	5 f. 1 d.	0,255 idem.
Livre , monnoie longue , ...	16 f. 6 d.	0,825 idem.
Voyez FLORENCE.		
LONDRES. Voyez ANGLETERRE.		
LOMBARDIE. Mille , . . .	0,372 l. com.	1,652 kilom.
LONS-LE-SAULNIER. B. Pinte , .	1,363 p. de P.	1,300 litres.
Muid , ...	327,120 idem.	311,400 idem.
Queue , ...	501,700 idem.	477,500 idem.
Boiffeau , ...	0,127 f. de P.	0,194 hectol.
Journal , ...	0,6930 arp. l.	0,3540 hectare
Arpent , ...	0,8471 idem.	0,4234 idem.
Livre , ...	1 l. p. m.	0,489 kilogr.
LORRAINE. Pied , = $\frac{1}{10}$ perche ,	0,897 p. de r.	0,291 mètre.
5 + 100 perches de 10 pieds , . .	0,8316 arp. l.	0,4231 hectare
Livre , = 20 fols , ...	15 f. 6 d.	0,774 franc.

Louis d'or , = 31 liv.= 10 écus ,	24 liv.	24 francs.
L u b e k q. Vér. pied , ...	0,889 p. de r.	0,289 mètre.
Aune , ...	0,484 a. de P.	0,575 idem.
Kanne , ...	1,974 p. de P.	1,882 litres.
Viertel ou velte , ...	7,896 idem.	7,528 idem.
Stubgen , ...	3,948 idem.	3,764 idem.
Fuder , ...	947,520 idem.	903,360 idem.
Barrique , ...	236,880 idem.	225,840 idem.
Tonne pour la bierre , ...	161,868 idem.	154,224 idem.
Idem pour l'eau-de-vie , = 32 velt.	252,672 idem.	240,896 idem.
Tonne de beurre, pefant 224 liv.	222 l. p. m.	108,41 kilogr.
Scheffel pour le bled , = 4 vaas ,	0,230 f. de P.	0,349 hectol.
Tonne , = 4 fcheffels , ...	0,918 idem.	1,397 idem.
Dromt , = 12 fcheffels , ...	2,754 idem.	4,192 idem.
Laft , = 8 droms , = 384 vaas ,	22,037 idem.	33,538 idem.
Laft pour l'avoine , = 384 vaas ,	25,260 idem.	38,445 idem.
Livre , = 2 marcs , ...	0,991 l. p. m.	0,485 kilogr.
Steen ou pierre , = 10 livres , .	9,910 idem.	4,850 idem.
Lifpund , = 14 livres , ...	13,873 idem.	6,786 idem.
Quintal , = 8 lifpunds , ...	110,982 idem.	54,286 idem.
Schippund , = 20 dito , ...	277,455 idem.	135,716 idem.
Marc lub , = 16 fchelings lubs ,	1 l. 10 f. 4 d.	1,516 franc.
Scheling lub , = 12 pennings lubs ,	1 f. 11 d.	0,095 idem.
Rixdale nouveau , efpece, = 3 mar.	4 l. 11 f.	4,550 idem.
Rixdale vieux id. = 3 mar. 11 fche.	5 l. 11 f. 9 d.	5,590 idem.
Ducat , ...	11 l. 3 f. 10 d.	11,192 idem.
L u c e r n e. Ducat , ...	11 l. 0 f. 6 d.	11,025 idem.
Le titre , 23 ½ kar. ; le poids , . .	65 grains.	3,450 gram.
Ecu de 1714 , ...	5 l. 4 f. 1 d.	5,204 franc.
Le titre, 10 den. 8 grains; le poids,	7 gros 3 grains.	26,900 gram.
L u c q u e s. Pied , ...	1,816 p. de r.	0,590 mètre.
Braffe pour les étoffes de foie , . .	0,486 a. de P.	0,577 idem.
Braffe pour les étoffes de laine , . .	0,510 idem.	0,605 idem.
Canne idem , = 4 braffes , . . .	2,038 idem.	2,421 idem.
Copi pour l'huile , ...	128,600 p. de P.	122,233 litres.
Le copi d'huile d'olive pefe , . .	227,390 l. p. m.	111,230 kilogr.

Staia ou ſtaro, ...	0,161 ſ. de P.	0,245 hectol.
Poids de commerce, ... , . .	3,056 l. p. m.	1,494 kilogr.
Poids leger pour la ſoie, ...	0,679 idem.	0,332 idem.
Livre, = 12 onc. = 288 d. = 6912 g.	0,690 idem.	0,338 idem.
Livre, = 20 ſols, = 240 den.,	15 ſ. 7 d.	0,780 franc.
Double d'or, = 22 liv.	17 l. 3 ſ. 2 d.	17,160 idem.
Ecu d'argent, = 7 liv. 10 ſols,	5 l. 17 ſ.	5,850 idem.
L Y O N. Pied, ...	1,049 p. de r.	0,341 mètre.
Aune, ...	1 a. de P.	1,188 idem.
Pot, ...	1 p. de P.	0,951 litre.
Bichet, ...	0,225 ſ. de P.	0,342 hectol.
Livre, ...	1 l. p. m.	0,489 kilogr.
Livre pour les groſſes marchandiſ·	0,864 idem.	0,422 idem.
Livre pour la ſoie, ...	0,935 idem.	0,457 idem.
LYONNOIS. Lieue de 23 au degré,	1,087 l. com.	4,830 kilom.
Béchérée, ...	0,2620 arp. l.	0,1337 hectar.
M A C O N. Demi-queue, ...	226 p. de P.	214,988 litres.
Aſnée, ...	1,667 ſ. de P.	2,537 hectol.
MADERE. Pipe, = 23 almudes,	440 p. de P.	418,541 litres.
MADRID. Palme, = 12 doigts,	0,641 p. de r.	0,208 mètre.
Pied, = 12 pouces, ...	0,855 idem.	0,278 idem.
Vare, = 4 palmes, = 3 pieds,	0,701 a. de P.	0,833 idem.
Eſtadal ou toiſe, = 2 vàres, . .	0,855 toiſe.	1,666 idem.
Eſtadal ſuperficiel, = 4 vares,	0,7310 t. ſup.	2,7778 m. ſup.
Pied cube, ...	0,626 p. cub.	0,021 m. cub.
Toiſe cube, ...	0,626 t. cub.	4,630 idem.
Quartillo, ...	0,504 p. de P.	0,480 litre.
Azumbre, = 4 quartillos, . . .	2,016 idem.	1,918 idem.
Cantara ou arrobe, = 8 azumbres'	16,131 idem.	15,344 idem.
L'arrobe d'huile d'olive peſe , .	28,546 l. p. m.	13,963 kilogr.
Moyo, = 12 cantaras, ...	193,568 p. de P.	184,128 litres.
Célémin, ...	0,029 ſ. de P.	0,045 hectol.
Fanéga, = 12 célémines, . . .	0,352 idem.	0,536 idem.
Cahiz, = 12 fanégas, ...	4,226 idem.	6,432 idem.
Marc de Caſtille, 8 onc. = 4608 gr.	0,462 l. p. m.	0,226 kilogr.
Livre pour la médecine, ...	0,693 idem.	0,339 idem.

Livre pour le commerce , = 2 mar.	0,924 l. p. m.	0,452 kilogr.
Arrobe , = 25 livres , ...	23,100 idem.	11,300 idem.
Quintal , = 4 arrobes , ...	92,400 idem.	45,200 idem.
Real de vellon , = 34 maravediz ,	5 f. 5 d.	0,272 franc.
Quarto , = 20 chavos , = 4 marav.	8 d.	0,032 idem.
Maravedi , ...	2 d.	0,008 idem.
Ducat de change , = 11 reaux , . .	2 l. 19 f. 10 d.	2,992 idem.
Ducat de plata , = 10 reaux 17 m.	2 l. 16 f. 8 d.	2,833 idem.
Piaftre foible , = 15 reaux , . .	4 l. 1 f. 8 d.	4,083 idem.
Piftole ou doublon , = 60 reaux ,	16 l. 6 f. 9 d.	16,338 idem.
Doublon de 8 , = 320 reaux , .	80 l. 13 f. 6 d.	80,675 idem.
Le titre , 22 karats ; le poids , .	7 gros 4 grains.	26,963 gram.
Quadruple du Pérou , = 320 reaux,	79 l. 2 f. 7 d.	79,129 francs.
Le titre , 21 kar. $\frac{3}{4}$; le poids , .	7 gros.	27,750 gram.
Double piftole , = 160 reaux , .	40 l. 0 f. 4 d.	40,017 francs.
Le titre , 22 karats ; le poids , .	3 gros 36 grains.	13,375 gram.
Doublon d'or effectif , = 80 reaux ,	19 l. 12 f. 6 d.	19,625 francs.
Le titre , 21 karats $\frac{3}{4}$, ...	1 gros 53 grains.	6,668 gram.
Petit écu ou coronille , = 21 rea. $\frac{1}{4}$.	5 l. 2 f. 5 d.	5,125 francs.
Le titre , 21 karats $\frac{1}{2}$; le poids ,	33 grains.	1,827 gram.
Piaftre du Pérou , = 20 reaux ,	5 l. 8 f. 11 d.	5,446 franc.
Le titre , 10 deniers 21 grains ,	7 gros.	26,750 gram.
Piaftre aux deux globes , = 20 rea.	5 l. 9 f. 7 d.	5,479 francs.
Le titre , 10 deniers 20 grains ,	7 gros 5 grains.	27,250 gram.
Piecette provinciale , = 4 reaux ,	1 l. 1 f. 9 d.	1,089 francs.
Real de plate , = 2 reaux , . . .	10 f. 10 d.	0,545 idem.
MAGDEBOURG. Pied , . .	0,927 p. de r.	0,301 mètre.
Aune , ...	0,561 a. de P.	0,667 idem.
Scheffel , ...	0,340 f. de P.	0,518 hectol.
Livre , ...	0,954 l. p. m.	0,467 kilogr.
MAIENNE. Boiffeau de halle nouv.	0,469 f. de P.	0,713 hectol.
Livre , ...	1,125 l. p. m.	0,550 kilogr.
Journal de pré , ...	0,7748 arp. l.	0,3954 hectare
MALAGA. Cantara de vin , .	16,131 p. de P.	15,344 litres.
Pipe de Malaga , 35 cant. pour 34,	564,585 idem.	537,040 idem.
Botte de vin de Pedro Ximénès ,	861,024 idem.	820,904 idem.

La botte, = 43 arrob. d'huile cont.	693,633 p. de P.	659,792 litres.
Le contenu en huile d'olive pefe,	1231,514 l. p. m.	60 2890 kilogr.
Fanéga, ...	0,387 f. de P.	0,590 heƈtol.
Laft régul. 4 bot. de vin ou 5 d'hu.	2,283 t. j. n.	3,284 ftères.
MALINES. Aune, ...	0,952 a. de P.	1,128 mètres.
Viertel, ...	0,550 f. de P.	0,837 heƈtol.
Livre, ...	0,952 l. p. m.	0,466 kilogr.
MALO. (Saint) Tonneau, . .	9,500 f. de P.	14,458 heƈtol.
Livre, ...	1 l. p. m.	0,489 kilogr.
MALTE. Vér. palme, = 12 onces,	0,804 p. de r.	0,261 mètre.
Canne, = 8 palmes, ...	1,756 a. de P.	2,086 idem.
Mille, ...	0,365 l. com.	1,611 kilom.
Lieue, = 3 mille, ...	1,088 idem.	4,834 idem.
Tomolo, = ...	21,8260 perc. l.	11,1400 ares.
Salme, = ...	3,4922 arp. l.	1,7824 heƈtar.
Quartouche pour le vin, &c. .	1,174 p. de P.	1,116 litres.
Baril, = 2 quartares, = 38 quart.	44,602 idem.	42,425 idem.
Quartucio pour l'huile feulement,	1,355 idem.	1,289 idem.
Cafize, = 16 quart.	21,680 idem.	20,621 idem.
Le cafiz d'huile d'olive pefe, . .	38,365 l. p. m.	18,765 kilogr.
Salma, = 16 tomoli, = 96 mondels,	2,027 f. de P.	3,086 heƈtol.
Poids couvert, = 12 onces, . .	0,648 l. p. m.	0,317 kilogr.
Poids couvert, = 15 onces, . .	0,810 idem.	0,396 idem.
Rotolo ou rote, = 30 onces, .	1,620 idem.	0,792 idem.
Quintal en général, = 100 rotoli,	162 idem.	79,200 idem.
Quintal pr falaifons, &c. 110 rot.	178,200 idem.	87,120 idem.
Ecu, = 12 tarins, ...	2 l. 8 f.	2,400 francs.
Tarin, ...	4 f.	0,200 franc.
Louis d'or du Gr.-Maître Rohan,	23 l. 1 f. 3 d.	23,070 franc.
Le poids, ...	2 gros 11 grains.	8,238 gram.
Piece de 2 écus, ...	4 l. 16 f.	4,800 franc.
Le poids, ...	6 gros 20 grains.	23,950 gram.
Piece de 30 tarins, ...	6 l.	6 francs.
Le poids, ...	7 gros 55 grains.	29,570 gram.
MANHEIM. Pied, ...	0,894 p. d. r.	0,290 mètre.
Livre, = 2 marcs de Cologne,	0,955 l. p. m.	0,467 kilogr.

MANTOUE. Brasse, ...	0,524 a. de P.	0,622 mètre.
Biolca, = 100 tavole, = 400 cav. q.	0,6059 arp. l.	0,3093 hectare
Livre, ...	0,570 l. p. m.	0,279 kilogr.
Livre, = 20 sols, ...	5 sols.	0,250 franc.
MARSEILLE. Palme, ...	0,771 p. de r.	0,250 mètre.
Canne pour la soie , ...	1,670 a. de P.	1,989 idem.
Canne pour les draps , ...	1,786 idem.	2,112 idem.
Aune pour les toiles , ...	0,979 idem.	1,163 idem.
Pot , ...	1,060 p. de P.	1,009 litres.
Millerole pour le vin , = 60 pots ,	63,611 idem.	60,500 idem.
Millerole pour l'huile , = 4 escand,	63,611 idem.	60,500 idem.
La millerole d'huile d'olive pese ,	112,927 l. p. m.	55,055 kilogr.
Emine, = 8 scivadieres , . . .	0,258 s. de P.	0,393 hectol.
Charge , = 4 émines , ...	1,034 idem.	1,574 idem.
Livre, ...	0,817 l. p. m.	0,400 kilogr.
Charge , = 300 livres , ...	245 idem.	120 idem.
MAYENCE. Pied , ...	0,927 p. d. r.	0,301 mètre.
Maas , ...	1,985 p. de P.	1,888 litres.
Monnoie. V. FRANCFORT-S.-L.-M.		
MEAUX. Setier , ...	0,833 s. de P.	1,268 hectol.
MEDOC. Sedon , ...	0,1555 arp. l.	0,0791 hectare
MELUN. Setier , ...	0,833 s. de P.	1,268 hectol.
MESSINE. Canne , ...	1,778 a. de P.	2,112 mètres.
Salme , ...	92 p. de P.	87,337 litres.
Tonneau , = 12 salmes , ...	1104 idem.	1048,062 idem.
Cafisso pour l'huile , ...	9,209 idem.	8,760 idem.
Le cafisso d'huile d'olive pese , .	16,297 l. p. m.	7,972 kilogr.
Poids leger , ...	0,641 idem.	0,313 idem.
Metz , B. verge messine , . . .	9,167 p. d. r.	2,977 mètre.
Aune , ...	0,998 a. de P.	1,186 idem.
Journal , ...	0,6944 arp. l.	0,3544 hectare
Pinte , ...	1 p. de P.	0,951 litre.
Hote , = 44 pintes , ...	44 idem.	41,900 idem.
Bichet , ...	0,105 s. de P.	0,160 hectol.
MIDELBOURG. Pied , ...	0,928 p. d. r.	0,301 mètre.
Sac , ...	0,454 s. de P.	0,691 hectol.

Livre , ...	0,966 l. p. m.	0,472 kilogr.
MILAN. Pied , ...	1,222 p. de r.	0,397 mètre.
Braffe pour la foie , ...	0,444 a. de P.	0,528 idem.
Braffe pour la laine , ...	0,570 idem.	0,667 idem.
Braffe pour les toiles , ...	0,500 idem.	0,594 idem.
Pertica , = 24 tavole , ...	0,1473 arp. l.	0,0752 hectare
Bocal , ...	0,781 p. de P.	0,743 litre.
Stara , ...	25 idem.	23,780 idem.
Brenta , = 3 ftare , ...	75 idem.	71,340 idem.
Moggio , = 8 ftare , ...	0,901 f. de P.	1,374 hectol.
Livre petite , = 12 onces , . . .	0,668 l. p. m.	0,327 kilogr.
Livre groffe , = 28 onces , . . .	1,559 idem.	0,762 idem.
Marc pour les Orfevres , = 8 onc.	0,480 idem.	0,235 idem.
Livre , = 20 fols , ...	15 f. 6 d.	0,777 franc.
Sol courant , = 12 deniers , . . .	9 den.	0,039 idem.
Ecu impérial , = 117 fols , . . .	6 l. 8 f. 9 d.	6,438 idem.
Livre impériale , = 20 fols , . .	1 l. 2 f.	1,100 idem.
Sol impérial , = 12 deniers , . .	1 f. 1 d.	0,055 idem.
Paul , = 15 fols , ...	11 f. 8 d.	0,582 idem.
Doppia , = 25 liv.	19 l. 7 f. 1 d.	19,354 idem.
Le titre , 21 karats ⅛ ; le poids ,	1 gros 52 grains.	6,572 gram.
Ducaton 1588 , = 8 liv. 12 fols ,	6 l. 12 f. 2 d.	6,608 franc.
Le titre , 11 den. 8 gr. ; le poids ,	8 gros 11 grains.	31,163 gram.
Fillippe , = 7 l. 10 f. = 106 f. imp.	5 l. 16 f. 8 d.	5,833 franc.
Le titre , 11 den. 8 gr. ; le poids ,	7 gros 11 grains.	27,335 gram.
MODENE. Pied , ...	1,953 p. de r.	0,634 mètre.
Braffe , ...	0,524 a. de P.	0,622 idem.
Livre , ...	0,651 l. p. m.	0,319 idem.
Livre , = 20 fols , = 240 den. .	8 f.	0,400 franc.
Piece de 4 piftoles , ...	74 l. 17 f. 6 d.	74,875 idem.
Le titre , 21 karats ⅛ ; le poids ,	6 gros 59 grains.	26,062 gram.
Double ducat , ...	13 l. 7 f. 11 d.	13,396 francs.
Le titre , 11 den. 7 gr. ; le poids ,	1 once 42 grains.	32,177 gram.
MONTARGIS. Muid , . . .	1 f. d. P.	1,522 hectol.
MONTAUBAN. Canne , . .	1,500 a. d. P.	1,728 mètres.
Sac , ...	0,625 f. d. P.	0,951 hectol.

MONTBAR. Setier , = 8 ½ boisseaux ,	1,167 s. de P.	1,775 hectol.
MONTEREAU. Setier , = 6 bichets ,	1 idem.	1,522 idem.
MONTIVILLIERS. Boisseau , . . .	0,252 idem.	0,383 idem.
MONTPELLIER. *Pam*, 8 menus ou m.	0,209 a. de P.	0,250 mètre.
Canne , = 8 pams , ...	1,673 a. de P.	1,988 idem.
Carterade , = 2 septerées , . . .	0,5640 arp. l.	0,2877 hectar.
Pot ou pichet , = 2 feuillettes ,	1,511 p. de P.	1,437 litres.
Quarte , = 8 pots , ...	12,088 idem.	11,496 idem.
Émine , = 2 quartes , ...	24,176 idem.	22,993 idem.
Setier , = 2 émines , ...	48,352 idem.	45,986 idem.
Tonneau , = 9 setiers , ...	435,168 idem.	413,874 idem.
Muid , = 2 tonneaux , ...	870,336 idem.	827,748 idem.
Pot pour l'huile , ...	1,239 idem.	1,179 idem.
Quartal idem , ...	9,933 idem.	9,428 idem.
Baral , idem , ...	53,505 idem.	50,895 idem.
Le pot d'huile d'olive pese , . .	2,195 l. p. m.	1,074 kilogr.
Le quartal idem , ...	17,560 idem.	8,590 idem.
Le baral idem , ...	94,680 idem.	46,314 idem.
Setier , = 2 émines , = 12 pugnéres,	0,335 s. de P.	0,511 hectol.
Livre , ...	0,819 l. p. m.	0,400 kilogr.
MONTREUIL. Setier , . . .	0,888 s. de P.	1,351 hectol.
MONTVILLE. Boisseau , . .	0,250 idem.	0,380 idem.
MORAVIE. Pied, ⅙ toise, . .	1,029 p. d. r.	0,334 mètre.
Aune , ...	0,665 a. de P.	0,758 idem.
Maas, ...	1,124 p. de P.	1,069 litres.
Mezen, ...	0,464 s. de P.	0,706 hectol.
Livre, ...	1,144 l. p. m.	0,560 kilogr.
MORLAIX. Tonneau , ...	9,500 s. de P.	14,458 hectol.
MORTAGNE. Boisseau , . . .	0,271 idem.	0,412 idem.
Moscou. *Voyez* PÉTERSBOURG.		
MUNICH. Pied , ...	0,889 p. d. r.	0,289 mètre.
Aune , ...	0,702 a. d. P.	0,834 idem.
Schaf , ...	2,348 s. de P.	3,573 hectol.
Livre , = 2 marcs de Cologne , .	0,956 l. p. m.	0,467 kilogr.
Florin , = 60 kreutzers , ...	2 l. 4 s. 11 d.	2,246 francs.
Batz , = 4 kreutzers , ...	3 s.	0,150 franc.

Rixdaler cour. = 1 florin ½, . . .	3 l. 7 f. 6 d.	3,369 francs.
Max 1752 , ... ,	16 l. 3 f. 2 d.	16,158 francs.
Le titre , 18 karats ½ ; le poids , .	1 gros 49 grains.	6,420 gram.
Ducat 1755 , ...	10 l. 11 f. 1 d.	10,554 francs.
Le titre , 22 karats ¼ ; le poids ,	65 grains.	3,450 gram.
Carolin d'or , ...	24 l. 8 f. 9 d.	24,437 francs.
Le titre , 18 karats ½ ; le poids ,	2 gros 39 grains.	9,707 gram.
Ecu de conv. & celui de Bav. 1755,	5 l. 3 f. 7 d.	5,179 franc.
Le titre , 9 den. 21 gr. ; le poids ,	7 gros 24 grains.	28,024 gram.
N a m u r. Pied , ...	0,899 p. de r.	0,292 mètre.
Livre , ...	0,949 l. p. m.	0,464 kilogr.
Nantes. Gaule de paveurs & arp.	7,500 p. d. r.	2,463 mètres.
Aune nantaife , ...	1,166 a. de P.	1,386 idem.
Autre , ...	0,543 idem.	0,645 idem.
Aune de Paris , ...	1 idem.	1,188 idem.
Pot , ...	1,750 p. de P.	1,664 litres.
Barrique , = 120 pots , . . . , .	210 p. de P.	200 idem.
Pipe , = 2 barriques , ...	420 idem.	400 idem.
Tonneau , = 2 pipes , ...	840 idem.	800 idem.
Setier , = 16 boiffeaux , = ¹⁄₁₀ tonn.	0,912 f. de P.	1,386 hectol.
Livre , ...	1 l. p. m.	0,489 kilogr.
Naples. Palme , = 12 onces. Vér.	0,807 p. d. r.	0,262 mètre.
Canne , = 7 palmes ½ , vér. . .	1,652 a. de P.	1,965 idem.
Caraffe , vér.	0,800 p. de P.	0,761 litre.
Baril , = 60 caraffes , vér. . . .	48 idem.	45,660 idem.
Botte , = 12 barils , vér.	576 idem.	548,320 idem.
Salma , = 10 ftaia pour l'huile , .	197,800 idem.	188,010 idem.
Le ftaia d'huile d'olive pefe , . .	350 l. p. m.	171,840 kilogr.
Tomolo , ...	0,332 f. de P.	0,505 hectol.
Livre , vér. = 12 onces , vér. . .	0,657 l. p. m.	0,322 kilogr.
Rotolo , = 33 onces ⅓ , ...	1,833 idem.	0,908 idem.
Staro , = 10 ⅓ rotoli , ...	18,941 idem.	9,383 idem.
Cantaro , = 100 rotoli , ...	183,300 idem.	90,800 idem.
Ducat , = 10 carlins 1715 , . . .	4 l. 8 f.	4,400 francs.
Carlin , = 10 grains , ...	8 f. 10 d.	0,440 idem.
Grain , ...	10 d.	0,044 idem.

Once de 1754 , = 6 ducats , . .	25 l. 4 f.	25,200 francs.
Le titre , 21 karats ; le poids , . .	2 gros 21 grains.	8,755 gram.
Piece de 4 ducats , ...	17 l. 12 f. 6 d.	17,625 francs.
Le titre , 22 karats ; le poids , .	1 gros 39 grains.	5,885 gram.
Piece de 12 carlins , 1750 , . . .	5 l. o f. 6 d.	5,025 francs.
Le titre , 10 den. 15 gr. ; le poids ,	6 gros 44 grains.	25,260 gram.
NARBONNE. Setier , ...	0,479 f. de P.	0,725 hectol.
NEMOURS. Setier , ...	0,500 idem.	0,761 idem.
NEUFBOURG. Somme , = 4 boiff.	1,393 idem.	2,120 idem.
NEUFCHATEL-EN-CAUX. Boiffeau ,	0,147 idem.	0,224 idem.
NEUFCHATEL-EN-SUISSE. Aune ,	0,949 a. de P.	1,129 mètres.
Pot , ...	1,524 p. de P.	1,495 litres.
Muid , = 12 fetiers , ...	301,400 idem.	286,780 idem.
Livre , ...	1,063 l. p. m.	0,520 kilogr.
NEVERS. B. Aune , ...	1,002 a. de P.	1,190 mètres.
Pinte , ...	1 p. de P.	0,951 litre.
Boiffeau , ...	0,129 f. de P.	0,196 hectol.
NICE. Palme , ...	0,222 a. de P.	0,264 mètres.
Setier , ...	0,262 f. de P.	0,400 hectol.
Livre , ...	0,633 l. p. m.	0,309 kilogr.
NISMES. Canne , ...	1,658 a. d. P.	1,970 mètre.
NIVERNOIS. Arpent , . . , . .	1,1991 arp. l.	0,6071 hectare
NOGENT-LE-ROTROU. Minot , .	0,250 f. de P.	0,380 hectol.
NONANCOURT. Sac , = 5 boiffeaux ,	1,250 idem.	1,902 idem.
NORMANDIE. Pied , . . .	1 p. de r.	0,325 mètre.
Aune , ...	1 a. d. P.	1,188 idem.
Lieue de 25 au degré , ...	1 l. com.	4,444 kilom.
Acre , = 160 perches de 22 pieds ,	1,600 arp. l.	0,8163 hectare
Acre , = 160 perches de 20 pieds ,	1,344 idem.	0,6857 idem.
Pot pour les liquides , ...	2 p. de P.	1,902 litre.
Muid , = 144 pots , ...	288 idem.	273,948 idem.
Pipe , = 1 muid ½ , ...	432 idem.	410,922 idem.
Tonneau , = 2 pipes , ...	864 idem.	821,844 idem.
Baril pour l'eau-de-vie , ...	60 idem.	57,072 idem.
Baril pour le hareng blanc , . . .	122,666 idem.	116,700 idem.
Il eft eftimé pefer brut , ...	300 l. p. m.	146,748 kilogr.

Livre, ...	1 l. p. m.	0,489 litre.
N o v i. Livre, ...	0,673 idem.	0,329 kilogr.
N u i t z. Pinte B., ...	1,417 p. de P.	1,348 litres.
Queue, ...	420 idem.	399,400 idem.
Boisseau ; B.	0,158 f. de P.	0,241 hectol.
Nuremberg. Vér. Pied de V. 12 p.	0,933 p. de r.	0,303 mètre.
Aune, ...	0,557 a. de P.	0,663 idem.
Pot, = 2 fchedels, ...	1,148 p. de P.	1,092 litres.
Egme, = 60 pots, ...	68,880 idem.	65,520 idem.
Foudre, = 12 egmes, ...	826,560 idem.	786,240 idem.
Metzen, ...	0,115 f. de P.	0,175 hectol.
Somme, = 16 metzen, ...	1,836 idem.	2,796 idem.
Livre, = 32 lots, ...	1,043 l. p. m.	0,510 kilogr.
Florin cour. = 15 batz, = 60 kr.	2 l. 12 f. 11 d.	2,646 francs.
Batz, = 4 kreutzers, ...	3 f. 6 d.	0,176 idem.
Kreutzer, ...	11 d.	0,044 idem.
Rixdaler courant, = 1 ½ florin, .	3 l. 19 f. 4 d.	3,969 idem.
Rixdale, écu de l'Empire, . . .	5 l. 5 f. 10 d.	5,292 idem.
Florin d'or, = 3 flor. 4 kreutz.,	8 l. 4 f. 2 d.	8,208 idem.
Ducat, = 4 florins 10 kreutzers,	11 l. 3 f.	11,150 idem.
Ocean. Mille marin de 60 au deg.	0,417 l. com.	1,852 kilom.
Lieue marine de 20 au degré, . .	1,250 idem.	5,555 idem.
O m e r. (Saint) Raziere, . . .	0,813 f. de P.	1,237 hectol.
Oneille. Bar. pour l'h. = 7 rubs ½.	68,764 p. de P.	65,409 litres.
Le baril d'huile d'olive pefe, . .	121,500 l. p. m.	59,522 kilogr.
Baril pour le vin, ...	83,053 p. de P.	79 litres.
Orléans. Aune B.	1 a. de P.	1,188 mètre.
Arpent de terre en labour, B. .	0,3677 arp. l.	0,1877 hectare
Mine de vigne, B.	0,5508 idem.	0,2812 idem.
Pinte, B.	1,188 p. de P.	1,131 litre.
Velte, B.	7,917 idem.	7,540 idem.
Poinçon pour le vin, B.	253,333 idem.	241,250 idem.
Poinçon pour l'eau-de-vie, B. .	233,544 idem.	222,144 idem.
Demi-queue lég. Arrêt du C. 1683,	230 idem.	218,771 idem.
Boisseau, B.	0,055 f. de P.	0,084 hectol.
Mine, B.	0,220 idem.	0,336 idem.

Muid , B.	2,640 f. de P.	4,032 heĉtol.
OUVILLE-L'ABBAYE. Boifïeau , .	0,241 idem.	0,369 idem.
PALERME. Art. de correfp. pam ,	0,793 p. de r.	0,276 mètre.
Canne , = 8 pams , ...	1,855 a. de P.	2,204 idem.
Mille , = 721,75 cannes , . . .	0,418 l. com.	1,856 kilom.
Salme , = 16 tomoli , = 288 can. q.	0,2741 arp. l.	0,1400 heĉtare
Quartouche pour le vin , ...	0,911 p. de P.	0,867 litre.
Baril , = 40 quartouches , . . .	36,440 idem.	34,666 idem.
Tomolo , ...	0,121 f. de P.	0,185 heĉtol.
Salme général pr. bled , = 16 tom.	1,926 idem.	2,955 idem.
Salme gr. pr l'orge, &c. = 20 tom.	2,420 idem.	3,694 idem.
Livre petit poids , = 12 onces ,	0,649 l. p. m.	0,317 kilogr.
Livre ou rotolo , gr. p. = 12 onces,	1,623 idem.	0,794 idem.
Cantaro , = 100 rotoli , ...	162,264 idem.	79,372 idem.
Once , = 30 tarins 1753 , ...	12 l. 10 f. 10 d.	12,542 francs.
Le titre , 21 karats ⅛ ; le poids,	1 gros 11 g.	4,404 gram.
Tarin , = 2 carlins , ...	8 f. 5 d.	0,418 franc.
Carlin , = 10 grains , ...	4 f. 2 d.	0,209 idem.
Grain , ...	5 d.	0,021 idem.
Ecu , = 12 tarins 1735 , ...	5 l. 1 f. 1 d.	5,054 idem.
Le titre , 9 den. 22 grains ; le poids,	7 gros 9 grains.	27,227 gram.
PARIS. Pied de roi , = . . .	12 pouces.	0,325 mètre.
Toife du Châtelet , ...	6 p. de r.	1,948 idem.
Aune , ...	1 a. de P.	1,188 idem.
Pendule à fecondes, ...	3,061 p. de r.	0,993 idem.
Pied quarré , ...	144 pouc. q.	0,1055 mèt. q.
Toife quarrée , ...	36 pieds q.	3,7962 mèt. q.
Aune quarrée , ...	13,3846 idem.	1,4113 idem.
Pied cube , ...	1728 pouc. c.	0,034 ftère.
Toife cube , ...	36 pieds c.	7,397 idem.
Corde de bûches de 42 pouc. de l.	112 idem.	3,836 idem.
Voie , = ½ corde , ...	56 idem.	1,918 idem.
Solive , bois de charpente , . . .	3 idem.	0,103 idem.
Pinte , = 2 chopines , ...	1 p. de P.	0,951 litre.
Velte , ...	8 idem.	7,609 idem.
Quarteau , = 9 veltes , ...	72 idem.	68,487 idem.

Feuillette, = 2 quarteaux, . .	144 p. de P.	136,973 litres.
Muid, = 2 feuillettes , ...	288 idem.	273,946 idem.
Muid tiré à clair, ...	280 idem.	266,340 idem.
Baril , ...	60 idem.	57,072 idem.
Muid du plat pays d'élection , . .	300 idem.	285,360 idem.
Boisseau , ...	0,083 f. de P.	0,127 hectol.
Minot, = 3 boisseaux , ...	0,250 idem.	0,380 idem.
Mine , = 6 boisseaux , ...	0,500 idem.	0,761 idem.
Setier, = 12 boisseaux , ...	1 idem.	1,522 idem.
Muid ou tonneau, = 144 boiss.	12 idem.	18,264 idem.
Setier pour l'avoine, = 24 boiss.	2 idem.	3,044 idem.
Minot pr, le charb. de terre, = 6 b.	0,500 idem.	0,761 idem.
Sac pour le plâtre, = 2 boisseaux ,	0,166 idem.	0,254 idem.
Muid idem , = 36 sacs , ...	6 idem.	9,132 idem.
Marc, = 8 onces , ...	0,500 l. p. m.	0,245 kilogr.
Livre, = 16 onces , ...	1 idem.	0,489 idem.
Quintal , ...	100 idem.	48,915 idem.
Livre pour la soie, ...	0,938 idem.	0,459 idem.
PARME. Brasse pour les soieries ,	0,494 a. de P.	0,586 mètre.
Brasse pour les toiles, ...	0,537 idem.	0,636 idem.
Biolca, = 72 tables , = 288 perch.	0,5967 arp. l.	0,3046 hectare
Staio, = 16 quartaroles , ...	0,338 f. de P.	0,513 hectol.
Livre , ...	0,667 l. p. m.	0,326 kilogr.
Livre , = 20 sols , = 240 deniers,	5 f. 1 d.	0,256 francs.
Pistole , = 72 liv. 12 sols , . . .	19 l. 15 f. 7 d.	19,779 idem.
Le titre, 21 karats ¾; le poids,	1 gros 54 grains.	6,687 gram.
PAVILLI. Boisseau , ...	0,192 f. de P.	0,292 hectol.
PERCHE. (grand) Arpent , . . .	1,3967 arp. l.	0,7128 hectare
PERIGUEUX. Boisseau , . .	0,200 f. de P.	0,308 hectol.
PÉTERSBOURG. (Saint) Pied , . .	1,090 p. de r.	0,354 mètre.
Pied anglo-russe , vér.	0,940 idem.	0,305 idem.
Arschine , = 16 werschcks , vér.	0,605 a. de P.	0,719 idem.
Safchine ou fascheu, = 3 arsch. vér.	6,646 p. de r.	2,158 idem.
Osmonchka ou cruche, ...	1,618 p. de P.	1,539 litres.
Tchetverka , quart de vedro , . .	3,236 idem.	3,078 idem.
Vedro, = 4 tchetverkas , . . .	12,948 idem.	12,313 idem.

Ancre, = 3 vedros, ...	38,836 p. de P.	36,940 litres.
Tonneau ou forokovaïa-botcka,	517,920 idem.	492,520 idem.
Garnetffe, ...	0,042 f. de P.	0,064 hectol.
Tchetverka, = 2 garnetffes, . .	0,085 idem.	0,129 idem.
Tchetverik, = 2 tchetverkas, .	0,170 idem.	0,258 idem.
Payoc, = 2 tchetveriks, ...	0,340 idem.	0,517 idem.
Ofmine, = 2 payocs, ...	0,680 idem.	1,034 idem.
Tchetvert, = 2 ofmines, . . .	1,360 idem.	2,068 idem.
Koulle ou fac, = 10 tchelvericks,	1,700 idem.	2,586 idem.
Livre ou bercheroot, = 32 lots,	0,837 l. p. m.	0,409 kilogr.
Pund ou poed, = 40 bercheroots,	33,476 idem.	16,374 idem.
Bercowetz, = 10 punds, . . .	334,760 idem.	163,746 idem.
Rouble 1745, = 10 grivnes, griwes,	4 l. 10 f. 5 d.	4,521 franc.
Le titre, 9 den. 12 grains; le poids,	6 gros 47 grains.	25,420 gram.
Gryphe, = 10 copecks, 20 mofcoq.	9 fols.	0,452 franc.
Copeck, = 4 polufchks, ...	11 d.	0,045 idem.
Ducat 1738, = 2 roubles $\frac{1}{4}$, . .	10 l. 18 f. 2 d.	10,908 idem.
Le titre, 23 karats $\frac{1}{4}$; le poids,	65 grains.	3,450 gram.
Ducat de Pierre I.	10 l. 11 f. 1 d.	10,554 francs.
Le titre, 18 karats $\frac{3}{4}$; le poids, .	1 gros 6 grains.	4,130 gram.
Piece de 2 roubles, ...	9 l. 8 f. 4 d.	9,417 francs.
Le titre, 21 karats $\frac{3}{4}$; le poids,	60 grains.	3,179 gram.
Rouble 1727, ...	4 l. 10 f. 2 d.	4,508 francs.
Le titre, 8 den. 12 grains; le poids,	7 gros 30 grains.	28,343 gram.
Rouble 1733, ...	4 l. 11 f. 7 d.	4,579 francs.
Le titre, 9 den. 13 gr.; le poids,	6 gros 51 grains.	25,635 gram.
Rouble, ...	4 l. 11 f. 8 d.	4,533 francs.
Le titre, 8 deniers 20 grains, .	7 gros 18 grains.	27,695 gram.
Mofcoque, ...	5 d.	0,022 franc.
PICARDIE. Lieue, ...	1 l. com.	4,444 kilom.
Arpent, ...	0,6694 arp. l.	0,3413 hectare
PIÉMONT. *Voyez* TURIN.		
PLAISANCE. Pied, $\frac{1}{6}$ cavezzo, . .	1,447 p. de r.	0,470 mètre.
Livre, = 20 fols, = 240 den.,	6 f. 2 d.	0,308 francs.
Doppia, = 60 liv. 10 fols, . . ,	18 l. 12 f. 3 d.	18,634 idem.
POITOU. Lieue de 24 au degré,	1,041 l. com.	4,166 kilom.

Arpent de 80 pas en quarré, ..	3,3060 arp. l.	1,687 hectare
Pipe , . . , ...	432 p. de P.	410,937 litres.
POLOGNE. (grande) Aune , ..	0,519 a. de P.	0,616 mètre.
Lieue de 20 au degré , ...	1,250 l. com.	5,555 kilom.
Laſt , ...	15,950 ſ. de P.	19,278 hectol.
Livre , ...	0,829 l. p. m.	0,406 kilogr.
Gulden zlotus , flor. pol. = 30 gr·	11 ſ. 4 d.	0,566 franc.
Gros polonnois , = 9 pennings ,	5 den.	0,019 idem.
Ducat , = 16 florins , ...	10 l. 19 ſ. 4 d.	10,970 idem.
Daler , = 6 guldens , ...	3 l. 8 ſ.	3,400 idem.
Rixdaler , eſpece , = 8 guldens ,	4 l. 10 ſ. 7 d.	4,530 idem.
POLOGNE.(pet.) Gulden fl.=30gr.	1 l. 2 ſ. 8 d.	1,132 idem.
Gros polonnois , ...	9 den.	0,037 idem.
Ducat , = 8 florins , ...	10 l. 19 ſ. 4 d.	10,970 idem.
PONTHIEU. Pied , ...	0,917 p. de r.	0,298 mètre.
PORT-LOUIS. Tonneau , ...	12,250 ſ. de P.	18,644 hectol.
PORT-MAURICE. *Voyez* ONEILLE.		
PORTO. Canada , ...	1,945 p. de P.	1,850 litres.
Livre , ...	0,885 l. p. m.	0,433 kilogr.
PORTUGAL. Lieue de 18 au degré	1,389 l. com.	6,173 kilom.
Monnoies. *Voyez* LISBONNE. . .		
P R A G U E. Pied , ...	0,912 p. de r.	0,293 mètre.
Aune , . . , ...	0,511 a. de P.	0,607 idem.
Pinte , = 4 ſcedels , ...	2,006 p. de P.	1,908 litres.
Eimer , = 32 pintes , ...	64,190 idem.	61,060 idem.
Strich , = 4 viertels , ...	0,611 ſ. de P.	0,948 hectol.
Livre , ...	1,047 l. p. m.	0,512 kilogr.
Quintal , = 120 livres , ...	125,680 idem.	61,231 idem.
PREUILLY. Setier , = 8 bichets ,	0,833 ſ. de P.	1,268 hectol.
P R O V E N C E. Lieue , ...	1,314 l. com.	5,839 kilom.
PROVINS. Setier , = 8 boiſſeaux ,	0,837 ſ. de P.	1,268 hectol.
Arpent , ...	0,8264 arp. l.	0,4625 hectare
P R U S S E. Lieue , ...	1,667 l. com.	7,407 kilom.
Monnoies. *Voyez* BERLIN. . . ,		
Q U I N T I N. B. Aune , ...	1,184 a. de P.	1,410 mètres.
Pot , . . . , ...	2 p. de P.	1,902 litres.

Boisseau , ...	0,185 f. de P.	0,280 hectol.
RATISBONNE. Kopfe, = 2 feidels ,	1,374 p. de P.	1,307 litres.
Viertel , ...	3,777 idem.	3,593 idem.
Grand eimer , = 88 kopfes , . .	120,900 idem.	114,795 idem.
Commun eimer , = 90 kopfes ,	123,600 p. de P.	117,600 litres.
Berg eimer , = 98 kopfes , . . .	134,600 idem.	128,045 idem.
Marc pr, l'argent & le pain, = 8 on	0,503 l. p. m.	0,491 kilogr.
Livre pr. les mat, com. = 16 onc.	1,161 idem.	0,568 idem.
RENNES. Aune comme Nantes ,	1,166 a. de P.	1,386 mètres.
Mine , = 8 boisseaux , ...	1,597 f. de P.	2,403 hectol.
Tonneau , ...	9,513 idem.	14,457 idem.
Livre , ...	1 l. p. m.	0,489 kilogr.
REVEL en Ruffie. Pied , ...	0,824 p. de r.	0,268 mètre.
Aune , ...	0,450 a. de P.	0,535 idem.
Stof , ...	1,269 p. de P.	1,207 litres.
Anker , ...	33,900 idem.	32,248 idem.
Tonneau ou tonne , ...	0,726 f. de P.	1,104 hectol.
Livre , ...	0,879 l. p. m.	0,430 kilogr.
Schippund , = 400 livres , . . .	351,600 idem.	172 idem.
Rouble, = 10 grivnes, = 100 copec.	4 l. 10 f. 5 d.	4,521 franc.
Grivne , = 8 altins , ...	9 f.	0,452 idem.
Rixdaler , = 8 grivnes , = 64 altins,	3 l. 12 f. 4 d.	3,617 idem.
Livonoife , ...	4 l. 6 f. 10 d.	4,341 idem.
Altin , ...	1 f. 2 d.	0,056 idem.
Daler courant , ...	2 l. 18 f. 10 d.	2,939 idem.
RHEIMS. Quarteau , ...	104 p. de P.	98,935 litres.
Demi-queue , ...	208 idem.	197,870 idem.
RHIN. Pied , ...	0,967 p. de r.	0,314 mètre.
Palme ou pam rhinlandique , . .	1,002 idem.	0,325 idem.
Rœden , perche , = 12 pieds , .	11,600 idem.	3,776 idem.
Lieue rhinlandique, = 24000 pieds.	1,694 l. com.	7,527 kilom.
Arpent, = 120 rœds quarrés , .	0,3336 arp. l.	0,1713 hectare
Morgen rhinland. = 600 rœds q.	1,6681 idem.	0,8514 idem.
RIGA. Pied , ...	0,844 p. de r.	0,274 mètre.
Aune , ...	0,461 a. de P.	0,547 idem.
Stof , ...	1,289 p. de P.	1,261 litres.

Anker, = 30 ſtofs, ...	38,660 p. de P.	36,774 litres.
Loof, loopen ou laſt, ...	0,427 ſ. de P.	0,651 hectol.
Tonne, ...	0,854 idem.	1,300 idem.
Laſt pour cendres gravel. = 12 ton.	10,250 idem.	15,600 idem.
Laſt pour le ſel, ...	15,375 idem.	23,400 idem.
Livre, ...	0,852 l. p. m.	0,417 kilogr.
Liſpund, = 20 livres, ...	17,050 idem.	8,340 idem.
Skippund, = 20 liſpunds, . . .	341 idem.	166,800 idem.
Rixdaler ou écu d'Albert, = 90 gr.	5 l. 5 ſ.	5,250 francs.
Florin idem, = 30 gros, = 5 m. fer.	1 l. 15 ſ.	1,750 idem.
Gros, ...	1 ſ. 2 d.	0,054 idem.
Loewendaler, = livonoiſe, . . .	4 l. 6 ſ. 10 d.	4,341 idem.
Rixdale cour. de Riga, = 90 gros,	3 l. 7 ſ. 2 d.	3,360 idem.
Florin idém, = 30 gros, . . .	1 l. 2 ſ. 5 d.	1,120 idem.
Gros idem, ...	9 d.	0,037 idem.
Au ſurplus, voyez RUSSIE. . . .		
ROANNE. Pinte, ...	1,147 p. de P.	1,091 litres.
Muid ou piece, = 204 pintes, .	240 idem.	228,290 idem.
Boiſſeau, ...	0,125 ſ. de P.	0,190 hectol.
ROCHELLE. (la) Aune, ...	1 a. de P.	1,188 mètres.
Velte, ...	6,874 p. de P.	6,539 litres.
Barrique, ...	175,100 idem.	166 idem.
Boiſſeau, ...	0,863 ſ. de P.	1,313 hectol.
Livre, ...	1 l. p. m.	0,489 kilogr.
ROMAIN (Saint) Boiſſeau, . . .	0,222 ſ. de P.	0,337 hectol.
ROME. Palme des Archit. = 12 onc.	0,688 p. de r.	0,223 mètre.
Pied, = 1 palme ⅓.	0,917 idem.	0,298 idem.
Canne idem, = 10 palmes, . .	6,877 idem.	2,233 idem.
Palme des marchands, ...	0,209 a. de P.	0,249 idem.
Braſſe, ...	0,714 idem.	0,848 idem.
Canne idem, = 8 palmes, . .	1,674 idem.	1,989 idem.
Braſſe idem pour les toiles, . .	0,534 idem.	0,634 idem.
Canne pour les toiles, ...	1,764 idem.	2,096 idem.
Mille, = 764 toiſes, ...	0,335 l. com.	1,487 kilom.
Pezzo, = 16 chaînes quarrées,	0,5170 arp. l.	0,2638 hectare.
Rubbio, = 7 pezzi, ...	3,6190 idem.	1,8466 idem.

Bocal pour le vin , ...	1,494 p. de P.	1,419 litres.
Baril , = 32 bocali , = 128 feuill.	47,800 idem.	45,472 idem.
Rubbo , = 7 bocali $\frac{1}{2}$, ...	11,200 idem.	10,656 idem.
Branta , ...	151,200 idem.	143,870 idem.
Bocal pour l'huile , ...	1,992 idem.	1,895 idem.
Baril idem , = 28 bocals , . . .	55,770 idem.	53,050 idem.
Le baril d'huile d'olive pefe , . .	98,691 l. p. m.	48,275 kilogr.
Quarta , = 2 quartarelles , . . .	0,439 f. de P.	0,667 hectol.
Rubbio , = 2 rubbiatelles , . . .	1,750 idem.	2,669 idem.
Livre , = 12 onc. = 288 d. = 6912 g.	0,693 l. p. m.	0,339 kilogr.
Décine , = 10 livres , ...	7,007 idem.	3,427 idem.
Ecu romain , = 10 Pauls , = 100 bai.	5 l. 8 f. 5 d.	5,421 francs.
Le titre , 10 den. 23 gr. ; le poids ,	6 gros 64 grains.	26,322 gram.
Livre , = 20 fols ou baiocs , . .	1 l. 1 f. 8 d.	1,084 francs.
Paul , ...	10 f. 10 d.	0,542 idem.
Baioc , ...	1 f. 1 d.	0,054 idem.
Sequin & duc. du Pape , = 2 éc. 5 b.	10 l. 18 f. 3 d.	10,913 idem.
Le titre , 23 karats $\frac{1}{8}$; le poids ,	64 grains.	3,397 gram.
Double feq. de 1748 , = 4 éc. 10 b.	21 l. 0 f. 5 d.	21,021 francs.
Le titre , 22 karats $\frac{3}{4}$; le poids , .	1 gros 56 grains.	6,795 gram.
Autre double feq. = 4 écus 10 baio.	22 l. 2 f. 4 d.	22,117 francs.
Le titre , 23 karats $\frac{11}{16}$; le poids ,	1 gros 56 grains.	6,795 gram.
Quatrin , ...	2 l. 13 f. 4 d.	2,667 francs.
Le titre , 21 karats $\frac{3}{4}$; le poids ,	17 grains.	0,902 gram.
ROTERDAM. Pied , ...	0,962 p. de r.	0,312 mètre.
Aune de Brabant , ...	0,581 a. de P.	0,691 idem.
Stoop , ...	2,688 p. de P.	2,556 litres.
Scheppel , ...	0,220 f. de P.	0,334 hectol.
Sack , = 3 fcheppels , ...	0,660 idem.	1,004 idem.
Hœden , ...	7,038 idem.	10,712 idem.
Poids leger , ...	0,957 l. p. m.	0,468 kilogr.
Poids pefant , ...	1,005 idem.	0,491 idem.
ROUEN. Vér. Aune , ...	0,998 a. de P.	1,186 mètre.
Boiffeau , ...	0,150 f. de P.	0,228 hectol.
Mine , ...	0,600 idem.	0,913 idem.
Muid fou tonneau , ...	14,400 idem.	21,916 idem.

Mine pour l'avoine , = 2 razieres ,	1,138 f. de P.	1,732 hectol.
Corde de bûches de 42 pouces ,	112 p. cub.	3,835 ſtères.
Corde de 32 idem , ...	85 idem.	2,917 idem.
Corde de 26 idem , ...	69 idem.	2,374 idem.
Marque pr. bois de charp. = 300 ch.	0,694 f. l. v.	0,071 idem.
Mont de plâtre crud , ...	23,221 p. cub.	0,795 idem.
Muid pour la chaux , = 8 pieds cub.	1,800 f. de P.	2,740 hectol.
Baril de charbon de terre , . . .	0,806 idem.	1,227 idem.
Charretée idem , = 13 barils ,	10,478 idem.	15,895 idem.
Livre , poids de vicomté , . . .	1,040 l. p. m.	0,509 kilogr.
Livre , ...	1 idem.	0,489 idem.
ROUSSILLON. Livre , poids de tab.	0,846 idem.	0,414 idem.
RUSSIE. Verſte ancien , 500 p. géo.	0,313 l. com.	1,389 kilom.
Werſte nouv. = 552,6 toiſes , . .	0,242 idem.	1,076 idem.
Décétine , = 3200 faſchines quarr.	2,9203 arp. l.	1,4904 hectar.
Monnoies. *Voyez* PÉTERSBOURG		
R Y. Boiſſeau , ...	0,216 f. de P.	0,328 hectol.
SAINTONGE. Arpent , perc. de 18 p.	0,6694 arp. l.	0,3413 hectar.
SANCERRE. Demi-queue , ...	236 p. de P.	224,500 litres.
SARDAIGNE. Palme , ...	0,209 a. de P.	0,248 mètre.
Raſo , ...	0,462 idem.	0,594 idem.
Starello , ...	0,321 f. de P.	0,862 hectol.
SAUMUR. Buſſe , = ½ pipe , . .	244 p. de P.	232,263 litres.
SAXE. Lacher des mines , ...	6,109 p. de r.	1,981 mètres.
Lieue de police de 12 au degré , .	2,083 l. com.	9,259 kilom.
Morgen acker germl, = 300 perc. q.	1,0542 arp. l.	0,5381 hectare
Stufa , = 30 morgens , ...	31,6260 idem.	16,1414 idem.
Monnoies. *Voyez* DRESDE. . . .		
SÉBASTIEN. (Saint) Livre , . . .	1 idem.	0,489 idem.
Réal de vellon , ...	5 f. 5 d.	0,272 franc.
SEDAN. Pied , ...	0,833 p. de r.	0,270 mètre.
Quartel , ...	0,158 f. de P.	0,242 hectol.
SÉVILLE. *Voyez* MADRID.		
SICILE. Mille , = 721,75 cannes ,	0,418 l. com.	1,858 kilom.
Salme , = 16 tomoli , = 288 can. q.	0,2741 arp. l.	0,1400 hectare
Monnoies. *Voyez* PALERME. . .		

S H A F F O U S E. Muid , ...	0,567 f. de P.	0,862 hectol.
Livre , ...	0,937 l. p. m.	0,459 kilogr.
S I E N N E. Livre , ...	0,656 l. p. m.	0,321 kilogr.
S I L É S I E. Pied , ...	0,891 p. de r.	0,289 mètre.
Aune , ...	0,487 a. de P.	0,579 idem.
Lieue , ...	1,456 l. com.	6,471 kilom.
Monnoies. *Voyez* BRESLAW. . .		
S M Y R N E. Pichys , ...	0,565 a. de P.	0,671 mètre,
Kilo ou killot , ...	0,233 f. de P.	0,354 hectol.
Rotton ou petit chequi , = 120 dr.	0,749 l. p. m.	0,366 kilogr.
Oka , = 400 drachmes , ...	2,497 idem.	1,221 idem.
Grand chequi , = 2 okas , . . .	4,994 idem.	2,443 idem.
Batman , = 6 okas , ...	14,982 idem.	7,328 idem.
Lodra ou rotolo , ...	1,152 idem.	0,563 idem.
S O I S S O N S. Setier , ...	1,292 f. de P.	1,968 hectol.
S O L E U R E. Aune ou brache ,	0,460 a. de P.	0,547 mètre.
Livre , ...	1,044 l. p. m.	0,511 kilogr.
Florin , = 60 kreutzers , ...	2 l. 9 f. 10 d.	2,492 francs.
Batz , = 4 kreutzers , ...	3 f. 4 d.	0,167 franc.
Kreutzer , ...	10 d.	0,042 idem.
Au furplus , *voyez* SAINT-GALL ,		
S O M M I E R E S. Canne , . . .	1,666 a. de P.	1,980 mètres.
S T O K O L M. *Voyez* S U E D E.		
STRASBOURG. Pied de ville , B.	0,891 p. de r.	0,289 mètre.
Aune de ville , B.	0,452 a. d. P.	0,538 idem.
Arpent , B.	0,3934 arp. l.	0,2008 hectare
Grand arpent , ...	0,5896 idem.	0,3013 idem.
Pot , ...	1,988 p. de P.	1,891 litres.
Mefure , ...	47,712 idem.	45,384 idem.
Fuder ou foudre , ...	1145,088 idem.	1089,216 idem.
Livre , ...	0,981 l. p. m.	0,480 kilogr.
Livre , = 20 fols , = 240 den. ,	1 liv.	1 franc.
Florin goulde , = 6 fchillings ,	2 liv.	2 idem.
Schilling , = 2 ½ batz , = 10 kreutz.	6 f. 8 d.	0,333 idem.
Batz , = 4 kreutzers , ...	2 f. 8 d.	0,1333 idem.
Kreutzer , ...	8 den.	0,033 idem.

Rixdaler, écu, ...	3 liv.	3 franc.
S u e d e. Pied , ...	0,915 p. de r.	0,297 mètre.
Aune , ...	0,500 a. de P.	0,594 idem.
Lieue , ...	2,400 l. com.	10,675 kilom.
Kanne , = 2 ſtoops , ...	2,750 p. de P.	2,616 litres.
Anker , = 16 kannes , = 32 ſtoops ,	44 idem.	41,856 idem.
Eimer , = 26 kannes , = 52 ſtoops ,	71,500 p. de P.	68,012 idem.
Tonneau ou tonne , ...	0,957 ſ. de P.	1,464 hectol.
Tonne pour les grains , ...	1,064 idem.	1,618 idem.
Tonne pour le mut , ...	1,126 idem.	1,713 idem.
Laſt , = 18 tonnes , ...	19,133 idem.	29,123 idem.
Victualie wickt , = 32 lots , . .	0,868 l. p. m.	0,425 kilogr.
Pile de 32 ducats , ...	0,228 idem.	0,111 idem.
Poids de 96 ducats , ...	0,683 idem.	0,333 idem.
Marc des mines , ...	0,764 idem.	0,374 idem.
Marc des états , ...	0,728 idem.	0,356 idem.
Marc d'étapel ou de fer , , . . .	0,692 idem.	0,338 idem.
Liſpund , = 20 liv. ou marcs d'étap.	13,832 l. p. m.	6,766 kilogr.
Skippund , = 20 liſpunds , . . .	276,640 idem.	135,320 idem.
Livre en médecine , ...	0,728 l. p. m	0,356 idem.
Daler de cuivre , = 4 marcs idem ,	13 ſ. 6 d.	0,676 franc.
Marc de cuivre , = 8 ſols ou oers ,	3 ſ. 4 d.	0,169 idem.
Oer , ...	5 den.	0,021 idem.
Daler ou écu d'argent , = 4 marcs ,	2 l. 0 ſ. 7 d.	2,028 idem.
Marc d'argent , ...	10 ſ. 2 d.	0,507 idem.
Ducat , ...	11 l. 0 ſ. 6 d.	11,025 francs.
Le titre, 23 karats $\frac{14}{32}$; le poids,	65 grains.	3,450 gram.
Daler , eſpece , ...	5 l. 13 ſ. 10 d.	5,692 francs.
Le titre, 1 den. 10 grains ; le poids,	7 gros 46 grains.	29,197 gram.
S u r a t e. Poids royal , ...	1 l. p. m.	0,489 kilogr.
Poids ordinaire , ...	0,751 idem.	0,367 idem.
Syracuse. Quartare , = 16 quart.	21,864 p. de P.	20,800 litres.
T o n n e r r e. Muid , ...	296 idem.	281,551 idem.
T o r c i. Boiſſeau , ...	0,136 ſ. de P.	0,207 hectol.
T o s t e s. Boiſſeau , ...	0,249 idem.	0,378 idem.
T o u l o n. Canne , ...	1,625 a. de P.	1,931 mètres.

Efcandeau, ...	15,900 p. d. P.	15,127 litres.
Millerolle, ...	68,040 idem.	64,716 idem.
Emine, ...	0,671 f. de P.	1,002 hectol.
Setier, ...	1,007 idem.	1,532 idem.
Charge, ...	3,021 idem.	4,600 idem.
Livre, ...	0,952 l. p. m.	0,466 kilogr.
TOULOUSE. Art. de cor., pam,	0,693 p. d. r.	0,225 mètre.
Canne, = 8 pams, ...	1,515 a. de P.	1,800 idem.
Péga, = 4 bouteilles, ...	3,429 p. de P.	3,261 litres.
Pugnere, ...	0,137 f. de P.	0,209 hectol.
Setier, = 4 pugneres, ...	0,550 idem.	0,836 idem.
Livre, ...	0,833 l. p. m.	0,408 kilogr.
TOURAINE. Lieue, ...	0,876 l. com.	0,3893 kilom.
Arpent, = 100 perch. de 25 pieds,	1,2913 arp. l.	0,6586 hectare
TOURNAI. Aune, ...	0,543 a. de P.	0,645 mètre.
Livre, ...	0,885 l. p. m.	0,433 kilogr.
TOURNON. Sac, ...	0,479 f. de P.	0,729 hectol.
TOURS. Setier, ...	0,850 idem.	1,294 idem.
TRIEL. Muid réglé. *Ord. de* 1783.	300 p. de P.	285,320 litres.
TRIESTE. Aune pour les étoff. de l.	0,569 a. d. P.	0,676 mètre.
Idem pour les foieries, ...	0,540 idem.	0,642 idem.
Bocal pour le vin, ...	1,956 p. de P.	1,840 litres.
Orne pour le vin & l'huile, . . .	69,960 idem.	66,544 idem.
L'orne d'huile d'olive pefe, . .	123,787 l. p. m.	60,551 kilogr.
Poids de Vienne, ...	1,144 idem.	0,560 idem.
Pefo groffo de Venife, ...	0,972 idem.	0,476 idem.
Pefo fotile de Venife, ...	0,615 idem.	0,301 idem.
Florin, = 60 kreutzers, ...	2 l. 12 f. 11 d.	2,646 francs.
Kreutzer, ...	11 den.	0,044 idem.
Livre, = 20 fols, = 48 penings,	10 f. 7 d.	0,529 idem.
Sol, ...	7 den.	0,026 idem.
TROYES. Aune, ...	0,667 a. de P.	0,792 mètre.
Setier, = 6 bichets, ...	1 f. de P.	1,522 hectol.
TUNIS. Mataro, ...	19,833 l. p. m.	9,712 kilogr.
TURIN. Pied liprando, = 12 onces,	1,581 p. d. r.	0,513 mètre.
Trabuco, = 6 pieds liprando, . .	9,488 idem.	3,078 idem.

Pied manuel , = 8 onces , . . .	1,054 p. d. r.	0,342 mètre.
Raſo , . . . , ...	0,496 a. de P.	0,589 idem.
Giornata, = 100 tavole, = 400 tr. q.	0,7440 arp. l.	0,3797 heſtare
Pinte , ...	1,437 p. de P.	1,367 litres.
Rubbo , = 6 pintes , ...	8,621 idem.	8,201 idem.
Brenta , = 6 rubbs , ...	51,728 idem.	49,205 idem.
Emine , ...	0,126 ſ. de P.	0,191 heſtol.
Staio , = 2 émines , ...	0,251 idem.	0,382 idem.
Sac , = 3 ſtaios , ...	0,754 idem.	1,147 idem.
Livre , = 12 onces , . . . , , ,	1,010 l. p. m.	0,494 kilogr.
Rubb de 22 livres, (a) . , . .	16,580 idem.	8,111 idem.
Rubbio de 25 livres , ... ,	18,840 idem.	9,216 idem.
Livre en médec. = 12 onc. = 96 dr.	0,628 idem.	0,307 idem.
Livre , = 20 ſols , ...	1 l. 2 ſ. 4 d.	1,117 francs.
Le titre, 10 den. 22 gr. ; le poids,	1 gros 31 grains.	5,465 gram.
Sol , = 12 deniers , . . . , . . .	1 ſ. 2 d.	0,056 franc.
Denier , ...	1 den.	0,005 idem.
Double piſtole neuve , = 24 liv. ,	28 l. 8 ſ. 4 d.	28,417 francs.
Le titre , 21 karats $\frac{3}{4}$; le poids ,	2 gros 37 grains.	9,607 gram.
Sequin , = 9 liv. 15 ſols , ...	11 l. 2 ſ. 10 d.	11,142 francs.
Le titre , 23 karats $\frac{3}{4}$; le poids ,	65 grains.	3,450 gram.
Ecu neuf de 6 liv. , ...	7 l. 2 ſ. 4 d.	7,117 francs.
Le titre , 10 den. 20 gr. ; le poids ,	9 gros 13 grains.	35,607 gram.
Turquie. Agash ou paraſange ,	1,125 l. com.	4,997 kilom.
Mille de 758 toiſes , ...	0,352 idem.	1,475 idem.
Monnoies. *V.* Constantinople.		
Valence en Eſpagne. Palme , .	0,730 p. d. r.	0,225 mètre.
Vare , = 4 palmes , ...	0,760 a. de P.	0,900 idem.
Azumbre , ...	3,306 p. de P.	3,145 litres.
Arroba ou cantaro , = 8 azumbres ,	26,450 idem.	25,164 idem.
L'arrobe d'huile d'olive peſe , .	46,969 l. p. m.	22,975 kilogr.
Charge ou carga , = 12 arrobes ,	317,395 p. de P.	301,968 litres.
La charge d'huile d'olive peſe , .	563,629 l. p. m.	275,697 kilogr.
Célémin ou barchilla , ...	0,027 ſ. de P.	0,041 heſtol.
Fanéga , = 4 barchillas , ...	0,108 idem.	0,165 idem.

(*a*) Il paroît qu'il y a une autre livre pour la compoſition des rubbs.

Cahiz , = 12 fanégas , ...	1,300 f. de P.	1,980 hectol.
Livre , = 12 onces , ...	0,716 l. p. m.	0,315 kilogr.
Arrobe , = 36 livres , ...	25,776 idem.	12,600 idem.
Quintal , grand poids , = 144 liv.	103,104 idem.	56,400 idem.
Livre ou piaftre , = 20 f. = 8 reaux,	4 l. 2 f.	4,100 francs.
Sol , = 12 deniers , ...	4 f. 1 d.	0,205 idem.
Denier , ...	4 den.	0,017 idem.
Real , ...	10 f. 3 d.	0,513 idem.
Toutes les mon. d'Efpag. ont cours		
VALENCIENNE. Aune , ...	0,554 a. de P.	0,658 mètre.
VALLEMONT. Boiffeau , . .	0,258 f. de P.	0,392 hectol.
VAILERY (St.) en Caux. Boiffeau ,	0,154 idem.	0,235 idem.
VARSOVIE. Livre , ...	0,829 l. p. m.	0,406 kilogr.
Monnoies. *Voyez* POLOGNE. . .		
VENISE. Pied , ...	1,067 p. de r.	0,346 mètre.
Pas , = 5 pieds , ...	5,337 idem.	1,733 idem.
Braffe pour les draps , ...	0,570 a. d. P.	0,637 idem.
Aune pour les toiles & foieries ,	0,536 idém.	0,620 idem.
Mille , ...	0,412 l. com.	1,833 kilom.
Pas quarré , ou paffo quadrato , .	0,7911 t. quar.	3,0034 m. q.
Enghiftara , ...	0,657 p. de P.	0,625 litre.
Secchia , = 224 bozzes , ...	10,180 idem.	9,678 idem.
Maftello , ...	84,250 idem.	80,138 idem.
Bigoncia , = 2 maftelli , . . .	168,500 idem.	160,276 idem.
Anfora , = 2 bigoncia , ...	337 idem.	320,553 idem.
Miro pour l'huile , ...	16,770 idem.	15,947 idem.
Le miro d'huile d'olive pefe , . .	29,667 l. p. m.	14,512 kilogr.
Migliaio idem , ...	673,600 p. de P.	640,751 litres.
Le migliaio d'huile d'olive pefe ,	1196 l. p. m.	585 kilogr.
Quarte , ...	0,139 f. de P.	0,212 hectol.
Staia ou ftaro , = 4 quartes , . .	0,558 idem.	0,849 idem.
Sacco , = 1 ½ ftaro , ...	0,837 idem.	1,273 idem.
Livre pour le pain & les drogues ,	0,585 l. p. m.	0,293 kilogr.
Livre pour la monnoie & le comeft.		
Autrement *pcfo groffo* , ...	0,976 idem.	0,477 idem.
Livre légere pour la foie & les dr.	0,616 idem.	0,313 idem.

Mirro, *apparement*, 25 liv. . .	24,400 l. p. m.	11,934 kilogr.
Migliaro, = 40 mirri, ...	976 idem.	477,360 idem.
Ducat courant, = 8 liy., 124 marc.	4 l. 3 f. 3 d.	4,163 francs.
Le titre, 9 den. 19 gr. ½; le poids,	5 gros 66 grains.	22,604 gram.
Ducat de banque, ...	5 liv.	5 francs.
Livre, = 20 fols, ...	10 f. 5 d.	0,520 franc.
Sol, = 12 deniers, ...	6 d.	0,026 idem.
Sequin, = 22 liv., ...	11 l. 4 f. 5 d.	11,221 idem.
Le titre, 23 kar. $\frac{2925}{3200}$; le poids,	65 grains ½.	3,476 gram.
VENTES. (les) d'Envermeu. Boiff.	0,144 f. de P.	0,219 hectol.
VERDUN. Mefure, ...	0,300 idem.	0,457 idem.
VERTAMON. Muid réglé en 1683,	296 p. de P.	281,557 litres.
VIENNE. *Voyez* AUTRICHE. . . .		
VITRÉ. Aune, ...	1,139 a. de P.	1,353 mètres.
VOIRON. Canne, ...	1,163 idem.	1,381 idem.
UNDERWAL. Florin, = ...	2 l. 12 f. 1 d.	2,604 francs.
Le titre, 10 den. 3 gr.; le poids,	3 gros 43 grains.	13,746 gram.
Batz, ...	3 f.	0,150 franc.
Ducat, ...	10 l. 3 f. 3 d.	10,163 francs.
Le titre, 22 karats; le poids, .	64 grains.	3,397 gram.
URI. Ducat, ...	11 l. 0 f. 6 d.	11,025 francs.
Le titre, 23 ½ karats; le poids,	65 grains.	3,450 gram.
Batz, ...	3 f. 1 d.	0,156 franc.
UZES. Canne, . . , ...	1,667 a. de P.	1,981 mètres.
YERVILLE. Boiffeau, . . .	0,241 f. de P.	0,369 hectol.
YPRES. Aune, ...	0,610 a. de P.	0,724 mètre.
YVETOT. Boiffeau, ...	0,243 idem.	0,370 hectol.
ZELANDE. Sac, ...	0,461 f. de P.	0,702 idem.
ZUG. Quart de ducat 1692, .	2 l. 14 f. 6 d.	2,725 francs.
Le titre, 23 karats ⅛; le poids,	16 grains.	0,849 gram.
Ecu 1622, ...	5 l. 8 f. 7 d.	5,429 francs.
Le titre, 10 den. 8 gr.; le poids,	7 gros 25 grains.	27,438 gram.
ZURICH & ZURZACH. Pied, . .	0,919 p. de r.	0,298 mètre.
Perche, = 10 pieds, ...	9,187 idem.	2,978 idem.
Brache, ...	0,512 a. de P.	0,608 idem.
Maas, ...	1,944 p. de P.	1,849 litres.

Schenk-Maas , ...	1,751 p. de P.	1,666 litres.
Mefure pour le miel & l'huile , .	1,431 p. d. P.	1,361 idem.
La mefure d'huile d'olive pefe , .	2,532 l. p. m.	1,239 kilogr.
La mefure de miel pefe , ...	4,034 idem.	1,973 idem.
Mutt , = 4 vierrels , ...	0,543 f. d. P.	0,826 heĉtol.
Poids pefant , ... , .	1,071 l. p. m.	6,524 kilogr.
Poids leger ;	0,952 idem.	0,466 idem.
Florin , = 15 batz , = 60 kreutz.	2 l. 10 f. 9 d.	2,537 francs.
Batz , ...	3 f. 5 d.	0,169 idem.
Kreutzer , ...	10 den.	0,042 idem.
Ducat , = 4 florins $\frac{1}{4}$, ...	11 l. 2 f. 10 d.	11,142 idem.
Le titre , 23 karats $\frac{3}{4}$; le poids ,	65 grains.	3,450 gram.
Double ducat , = 8 florins $\frac{1}{2}$, . .	21 l. 19 f. 11 d.	21,996 francs.
Le titre , 23 karats $\frac{1}{8}$; le poids ,	1 gros 57 grains.	6,844 gram.
Rixdale patagon ou écu , = 2 flor.	5 l. 1 f. 6 d.	5,075 francs.
Le titre , 9 den. 18 gr. ; le poids ,	7 gros 19 grains.	27,755 idem.

Malgré que cette Table ait été rédigée avec beaucoup d'attention, je ne puis cependant affurer qu'il n'y ait point d'erreurs , vu la difficulté de les éviter fur un fujet de cette nature. Il eft vrai auffi qu'on reproche à ceux qui écrivent fur les mefures, beaucoup plus d'erreurs qu'ils n'en font , parce qu'on les juge fouvent, non fur des mefures effectives , mais fur ce que rend une quantité de marchandifes d'une mefure quelconque en une autre mefure. Cependant les livraifons font quelquefois altérées par l'inexactitude ou par la mauvaife foi des expéditionnaires , & auffi par des ufages que le laps du temps femble excufer. Les Négociants font en général dans une grande ignorance des vrais rapports qui exiftent entre les différents poids & mefures de ceux mêmes dont leur commerce dépend. Je pourrois appuyer ce que j'avance de beaucoup de citations ; je me bornerai à donner l'extrait d'une lettre du Port-Maurice , qui mettra beaucoup de monde en état d'en juger.

» En commençant comme de raifon (dit l'Auteur) par l'huile , » qui eft la principale, pour ne pas dire l'unique branche d'exporta-

» tion, fon poids ou fa mefure, connu fous la dénomination de barril,
» qui vient à équivaloir ou repréfenter la millerolle d'huile èn ufage
» à Marfeille, eft de fept rubbs $\frac{1}{2}$, le rubb pefant 25 livres poids de
» Gênes ; ce qui donne 187 $\frac{1}{2}$ pour le baril. Le quintal, dit cantaro, de
» Gênes, de 150, fait de Paris 96 ; les 187 $\frac{1}{2}$, poids de Gênes, du baril
» d'huile, viendroient à fe rapporter à 120 livre de Paris. On ne les
» calcule cependant gueres que pour 115. «

En effet, fi on fait ce calcul fur le poids de Gênes, la livre pour
les groffes marchandifes étant de 0,649 livre poids de marc, on
trouve que 187 $\frac{1}{2}$ donnent 121,5 ; ce qui differe peu de 120, que le
Correfpondant eftime être le barril d'Oneille & celui du Port-Maurice.
D'un autre côté, on trouve que la millerolle de Marfeille étant de
63,61 pintes de Paris, eft égale à 1,7669 pieds cubiques de France.
La pefanteur fpécifique de l'huile d'olive étant 0,913, cela fait
63,91 livres poids de marc le pied-cube. En multipliant donc 1,7669
par 63,91, le produit donne 112,922, qui eft le poids de la millerolle
de Marfeille. Différence avec le baril d'Oneille & du Port-Maurice,
8,578 livres poids de marc.

Si on confidere, 1°. que j'écris d'après le citoyen Pauçton, qui
cite lui-même la livre grand poids de Gênes, faifant partie de la
collection de M. Tillet, qu'il a été lui-même à portée de vérifier à
Paris ; 2°. La précifion avec laquelle cet Auteur s'exprime fur la
millerolle de Marfeille, à la page 260 de fa Métrologie ; 3°. enfin,
l'aveu du Correfpondant du Port-Maurice, on ne peut douter d'un
abus qui exifte en ce pays fur une branche effentielle de commerce.
Il exifte de pareils abus en beaucoup d'autres pays. On ne peut donc
être trop en garde contre les jugements que l'on feroit dans le cas
de faire fur les mefures, fi l'eftimation n'eft pas faite d'après les mefures mêmes.

CHAPITRE XII.

De l'Arithmétique linéaire.

L'Arithmétique linéaire confifte à réfoudre, fur des lignes, les problêmes pour la folution defquels on fe fert ordinairement de chiffres.
Les lignes tirées fuivant différentes directions, forment à cet effet
un tableau graphique pour l'ufage duquel il n'eft pas de rigueur de
favoir lire ni écrire ; mais il ne fuffit pas d'avoir le tableau pour
favoir opérer, il faut au moins préalablement lire avec attention ou
fe faire expliquer la marche que j'en donne ci-après.

Au lieu d'un tableau, il y en a deux ; favoir, un petit qui eft
tout d'une piece, & un grand qui eft divifé en dix parties. Le pre
mier a l'avantage de réunir fous un même point de vue toutes les
combinaifons relatives à cette fcience ; il eft compofé de 301 lignes,
favoir, 100 horifontales, 100 verticales, 100 courbes hyperboliques & une diagonale. Le fecond tableau fervira pour des opérations
plus compliquées ; il eft compofé de 100 horifontales, 1000 verticales
& 100 courbes hyperboliques. Je ne compte fur l'un ni fur l'autre
les premieres lignes de chaque direction dont l'origine eft marquée
par zéro. Je ne compte pas non plus la premiere verticale de chaque
partie du grand tableau, parce qu'elle n'eft que la répétition de la
derniere verticale de la partie qui précede.

L'avantage du calcul graphique eft la faculté d'opérer avec promptitude & fans néceffité de plumes, papier ni encre, puifqu'il préfente
en quelque forte une table univerfelle de comptes faits, pour l'intelligence de laquelle il fuffit de favoir compter des lignes. Ces lignes
font d'autant plus faciles à compter, que de 5 en 5, dans chaque direction, elles font ponctuées, que les dixaines font plus fortes que les
unités, & que celles qui marquent les centaines font encore plus
fortes que celles qui marquent les dixaines.

Ce feroit cependant une grande erreur de croire que le [calcul
ordinaire pourroit être abandonné pour le calcul linéaire ; car celui-

ci ne donne fouvent que des réfultats approximatifs , mais qui font cependant fuffifants pour la plus grande partie des tranfactions commerciales ; car il eft peu important de fe tromper d'un fol , par exemple , fur une fomme de vingt à trente francs , d'autant plus que ces petites fractions fe comptent rarement dans le commerce en détail.

Comme les combinaifons de ce nouveau procédé ne different en rien de l'Arithmétique ordinaire , qui fe réduit à quatre regles , favoir , l'addition, la fouftraction, la multiplication & la divifion, je me bornerai principalement à expliquer ces quatre regles ; j'entrerai enfuite dans quelques détails , & je donnerai quelques exemples pour l'application de ce calcul à différentes opérations de commerce , fur-tout à celles qui traitent des rapports entre l'ancien & le nouveau fyftême métrique. Je ne parlerai d'abord que du petit tableau , qui n'offre pas autant de reffources que le grand ; mais il eft plus facile pour ceux qui commencent.

De l'Addition.

Les courbes & la diagonale font inutiles pour l'Addition & pour la Souftraction. Le tableau feroit beaucoup plus clair fi elles n'y étoient pas. Je n'ai pas cru pour cela devoir faire un tableau exprès pour ces deux regles, parce que d'ailleurs ce ne font pas celles pour lefquelles cette nouvelle méthode fera très - avantageufe ; je ne les donne même que pour faire connoître que ce fyftême eft complet. Il faut donc , pour les deux premieres regles , faire abftraction des courbes & de la diagonale. Cela , au premier apperçu , femblera éprouver quelque difficulté , parce que les courbes font un peu de confufion avec la partie inférieure des premieres verticales , & avec les extrêmités à droite des horifontales du fommet ; mais on verra bien vîte que cet inconvénient n'eft pas grand , parce qu'il fera très-rare que les opérations fe trouvent conduites dans ces parties du tableau.

Abftraction faite des horifontales & de la diagonale , le tableau fe trouve réduit à 100 verticales & 100 horifontales, qui donnent la faculté de calculer jufqu'à 10000 , qui eft le carré de ces deux nombres. Mais fi l'on veut divifer l'unité en 10 , on ne pourra additionner que jufqu'à 1000 unités & des fractions. Si on veut la divifer en 100 , on ne pourra additionner que jufqu'à 100 unités & des fractions ; & dans tous les cas , on donnera à chacune des lignes une valeur proportionnelle au nombre fur lequel on veut opérer.

Si l'Addition doit excéder 1000 , il faut compter les verticales majeures chacune pour 1000 , les fines pour 100 , les horifontales majeures pour 10 , & les fines pour 1. Si l'on veut compter de 100 à 1000 , il faut compter les verticales majeures pour 100 , les fines pour 10 , les horifontales majeures pour 1 , & les fines pour 0,1. Si l'Addition ne doit pas s'élever au-deffus de 100 , on peut divifer l'unité en centiemes ; on comptera les groffes verticales pour 10 , les fines pour 1 ; les groffes horifontales pour 0,1 , & les fines pour 0,01 , & ainfi de fuite , en fuivant le même principe de divifion pour opérer fur les nombres au-deffous de 10 , pour lefquels on voudroit avoir des fractions au-deffous du centieme.

Comme on compte les verticales en allant de gauche à droite , & les horifontales en defcendant , la pofition {de l'Addition décrit une férie d'angles droits qu'on réunit en un feul pour en nombrer le total.

E X E M P L E.

Pour additionner les trois nombres fuivants , les verticales marqueront les unités & les horifontales marqueront les centiemes.

$$27,68$$
$$45,81$$
$$11,04$$
$$\overline{84,53}$$

1º. En partant du point zéro au fommet de l'échelle , comptez à droite 27 verticales , & en defcendant 68 horifontales.

2º. Du point où vous a conduit cette premiere pofition , en avançant toujours vers la droite , comptez 45 verticales , & en defcendant, 81 horifontales ; comme il ne vous en reſtoit que trente-deux pour arriver au bas de l'échelle , comptez le ſurplus à partir du ſommet de la premiere verticale qui vient après celle que vous quittez.

3°. Du point où vous a conduit la précédente poſition, comptez, en avançant vers la droite, 11 verticales , & en deſcendant 4 horiſontales ; l'Addition étant ainſi poſée , il faut en nombrer le réſultat, à partir du point où elle ſe termine. Cela ſe fait ainſi , en remontant perpendiculairement au ſommet du tableau , on trouve cinquante-trois verticales, qui valent 53 centiemes ; & en allant de droite à gauche, juſqu'au point zéro , on trouve quatre-vingt-quatre verticales , qui valent 84 unités. Ainſi on connoît que le total de l'Addition eſt 84,53.

On voit que ce procédé ne différe guere de celui par lequel on marque une partie de billard ſur une planchette, ſi on faiſoit ſur le tableau graphique un trou d'épingle ſur l'interſection de chaque horiſontale avec une verticale. On auroit pu enfoncer l'épingle là où s'eſt terminée l'Addition ; & partant du point zéro , décrivant un angle droit pour arriver à cette épingle, on auroit plus facilement nombré la ſomme , puiſqu'on auroit eu de ſuite 84 verticales & 53 horiſontales , qui auroient repréſenté 84,53.

Avec un tableau ainſi percé, on pourroit tenir avec préciſion différents comptes , en marquant à chaque fois le débit, comme j'ai poſé mon addition, & le crédit comme je l'ai nombrée ; c'eſt-à-dire qu'en rétrogradant , l'épingle marqueroit toujours ce qui eſt dû.

Si un caiſſier vouloit au beſoin ſavoir combien il a dans ſa caiſſe, ſans compter ſon argent ni additionner ſon livre , il pourroit faire uſage du grand tableau qui compte juſqu'à 100000 ; & en marquant les paiements & recettes comme j'ai dit ci-deſſus , l'épingle donneroit toujours la ſituation de la caiſſe.

De la Souſtraction.

Celui qui doit 48,75 francs,
Et qui en paie 29,28

Reſte devoir , 19,47

1º. Du point zéro en allant vers la droite , comptez 48 verticales , & en defcendant , 75 horifontales.

2º. En partant du point où vous vous trouvez , comptez en remontant 28 horifontales , & en allant à gauche , comptez 29 verticales ; le point où vous arrivez marque la folution de votre problême : refte à nombrer ce réfultat , ce qui fe fait ainfi que celui de l'addition , c'eft-à-dire , en décrivant un angle droit pour rejoindre le point zéro. En remontant donc au fommet de l'échelle , on compte 47 horifontales ; & en allant à gauche pour rejoindre le point zéro , on compte 19 verticales , par où on connoît que la folution du problême eft 19,47.

A U T R E.

Celui qui doit   87,48 francs,
Et qui paie   56,62
____
Refte devoir   30,86

1º. Du point zéro en allant à droite , comptez 87 verticales ; & en defcendant , 48 horifontales.

2º. En remontant , comptez 62 horifontales ; mais comme il ne s'en trouve que quarante-huit pour arriver au fommet , comptez les quatorze autres , à commencer du bas de la verticale fuivante à gauche , (parce que vous rétrogradez) & au point où vous vous trouvez alors , vous avez la folution de votre problême ; il ne refte qu'à le nombrer. En remontant au fommet de l'échelle , on trouve 86 horifontales , qui valent 86 centiemes ; & en allant à gauche pour rejoindre le point zéro , on compte vingt verticales , qui valent vingt unités : ainfi la folution du problême donne 30,86.

De la Multiplication.

Cette regle eft plus facile que les deux précédentes. On fe fert des lignes horifontales pour les multiplicandes , des verticales pour les multiplicateurs (a) , & la courbe qui paffe par l'interfection de la

____

(a) On peut auffi fe fervir des verticales pour multiplicandes , & des horifontales pour multiplicateurs ; cela revient au même. Cela convient fur-tout lorfqu'en opérant fur le grand tableau , on a trois chiffres au multiplicande , & feulement deux au multiplicateur.

ligne du multiplicande avec celle du multiplicateur , défigne le produit qu'on trouve à l'extrêmité à droite de cette courbe. Les unités des courbes répondent aux unités repréfentées par les groffes horifontales & les groffes verticales.

E X E M P L E.

Soit 4 à multiplier par 5.

1°. Du point zéro comptez en defcendant 4 groffes lignes horifontales.

2°. En avançant vers la droite , comptez 5 groffes verticales.|

3°. La courbe qui paffe par ce point d'interfection , fuivie jufqu'à fon extrêmité , marque 20 , qui eft le produit cherché.

Opération plus compliquée.

4,7 mètres ,
à   3,5 francs le mètre.

Comptez au multiplicande 4 groffes lignes & 7 fines , & au multiplicateur 3 groffes verticales & 5 fines , l'interfection du multiplicande avec le multiplicateur tombant entre deux courbes , donne une divifion de l'unité qu'il faut eftimer , par approximation ; on trouve environ un demi , c'eft-à-dire 0,5 ; & en fuivant cette courbe jufqu'à fon extrêmité à droite , on trouve pour produit 16,5 francs (a). On peut ne point fuivre les courbes jufqu'à leur extrêmité , car , du milieu même du tableau , on peut voir à quel nombre répondent les points d'interfection.

A U T R E.

Si l'on veut multiplier 24 par 72 , il faut compter pour des dixaines les groffes lignes tant verticales qu'horifontales , & les fines pour des unités ; & en adoptant les principes des parties décimales , ainfi qu'ils font expliqués au Chapitre premier , il faut compter les courbes pour des centaines. Puifque l'on a multiplié par 10 les fignes du mul-

---

(a) Si on fait ce compte par un autre procédé , on ne trouvera que 16,45 ; ce qui fait 5 centimes ou 1 fol d'erreur , ce qui n'eft pas conféquent. Mais avec de l'attention on pourra calculer jufte , ainfi que cela eft expliqué ci-après.

tiplicande & ceux du multiplicateur , il faut multiplier par 100 ceux du produit. On voit que l'interfeÃ©tion du multiplicande 24 avec le multiplicateur 72 , fe trouve entre la 17 & la 18ᵉ courbe , par où on connoît que les deux premiers chiffres du produit font 17 , qui font 1700. Refte à eftimer les deux chiffres qui font la divifion de la centaine ; ce qui n'eft pas difficile , parce que le quatrieme étant le dernier du produit du dernier chiffre du multiplicande , multiplié par le dernier chiffre du multiplicateur ; l'on fait , dis-je , de mémoire que le quatrieme chiffre eft un 8 , puifque 2 , multiplié par 4 , fait 8. Refte à déterminer le troifieme , en eftimant la diftance qu'il y a de l'interfeÃ©tion à chacune des deux courbes entre lefquelles elle fe trouve. Il eft aifé de voir que cette interfeÃ©tion eft trop bas pour faire 18 , ce qui ne feroit pas le 5ᵉ de l'efpace qui en comprend 100. Il eft aufli aifé de voir que ce ne peut être 38 , qui feroit plus que le tiers ; on en conclut que c'eft 28 , & que le produit cherché eft 1728. Ainfi , on pourra , avec quelqu'habitude de ce nouveau calcul , être à peu près affuré des produits de la multiplication jufqu'à 10000.

De la Divifion.

Comme la Divifion eft l'inverfe de la Multiplication , les lignes qui marquent les dividendes , à leur interfeÃ©tion avec celles qui marquent les divifeurs , défignent les quotiens qui font repréfentés par les horifontales. Soit , par exemple , 20 à divifer par 5. Si on prend la 20ᵉ courbe à l'endroit où elle coupe la 5ᵉ verticale , on trouve qu'elle coupe aufli la quatrieme horifontale ; par-là on connoît que le quotient de 20 , divifé par 5 , eft 4.

AUTRE EXEMPLE.

Soit à divifer 2800 par 32. Il faut compter , ainfi que cela eft expliqué ci-deffus , les intervalles des groffes courbes pour des milles , & par conféquent les intervalles entre les courbes fines pour des centaines ; les intervalles des groffes verticales & les horifontales pour des dixaines , & celles des fines pour des unités. On prendra donc la 28ᵉ courbe à l'endroit où elle coupe la 32ᵉ verticale ; cela fe trouvera à diftance égale de la 87ᵉ & de la 88ᵉ horifontale , par où on connoîtra que le quotient de 2800 , divifé par 32 , eft 87,5.

Il y a beaucoup d'occasions dans lesquelles les modifications qu'il faut faire éprouver aux nombres représentés par les différentes lignes, pour les rendre propres à représenter ceux dont on a besoin, se compensent l'une l'autre. L'étude de ces compensations doit embarrasser d'autant moins, que les erreurs qu'on pourroit y faire seroient toujours trop fortes pour ne pas être apperçues, puisque la moindre erreur donneroit un résultat dix fois plus fort ou dix fois moindre de ce qu'il doit être ; & même, en faisant attention à ces résultats, un calculateur peut se dispenser de s'occuper de ces compensations.

Un particulier, par exemple, qui a 2300 liv. de rente, veut savoir combien il peut dépenser par jour. Pour résoudre ce problême, il faut diviser 2300 par 365, parce que l'année est composée de 365 jours. A défaut de nombres assez élevés aux dividendes & aux diviseurs, on prendra le dividende 23 & le diviseur 3,65, qui chacun étant 100 fois plus petits, donneront le même quotient que si on avoit divisé 2300 par 365. Ainsi, à l'intersection de ce dividende 23 avec ce diviseur 3,65, on trouve le quotient 6,3, qui donne la solution du problême : par où on connoîtra qu'avec 2300 liv. de rente, on a 6,3 francs, ou 6 liv. 6 sols par jour.

Il arrive souvent qu'on ne trouve pas précisément le dividende dont on a besoin. Si on veut, par exemple, diviser 8,5 par 1,7, comme à ce diviseur 1,7 on ne trouve pas de dividende 8,5, il faut le supposer à distance égale entre les dividendes 8 & 9, (parce que 8,5 tient nécessairement le milieu entre 8 & 9) ; & à cette distance, on trouve le quotient 5 : par où on connoît que le quotient de 8,5, divisé par 1,7, est 5. Ainsi, pour la division, il faut d'abord se porter au diviseur pour y prendre le dividende ; & si on n'y trouve pas celui dont on a besoin, il faut le prendre par estimation du rapport qu'il a avec ceux qu'on y trouve & entre lesquels il doit tomber.

J'ai encore une observation essentielle à faire sur la multiplication & sur la division, au sujet des courbes, qui font un peu de confusion avec la partie inférieure des premieres verticales, & avec l'extrémité à droite des premieres horifontales ; c'eft qu'il faut éviter d'opérer fur ces parties du tableau. Si on veut, par exemple, multiplier 8 par 0,3, il vaut mieux multiplier 8 par 3 , & réduire le produit à fon dixieme. D'une maniere comme de l'autre, on aura 2,4 ; voilà pour la multiplication. Et fi on avoit à divifer 5 par 8,2 , il faut divifer 50 par 8,2 & en réduire le quotient à fon dixieme, on aura 0,61 même réfultat , mais plus clair que celui |qui auroit été trouvé au fommet de l'échelle ou tableau. Ce ne fera, comme on voit, qu'avec de l'application, qu'on pourra fe familiarifer avec cette nouvelle méthode ; mais on en fera bien dédommagé par les reffources qu'on y trouvera.

De l'application du calcul linéaire à la connoiffance des rapports qu'il y a entre différents Poids , Mefures & Monnoies.

L'Agence des Poids & Mefures a déjà publié , en exécution de la Loi du 18 Germinal de l'an IIIe , des échelles graphiques qui font d'une grande clarté ; mais fa méthode exige une échelle pour chaque fujet , & chacune de ces échelles occupe néceffairement une grande étendue. Elles pourroient cependant être divifées , mais elles occuperoient chacune une ou deux pages in-8°. ; & fur ces dimenfions, il pourroit en être fait une collection très-intéreffante. Mon moyen eft différent, puifqu'au lieu d'employer une échelle pour chaque objet, je n'ai qu'une échelle ou tableau univerfel auquel je les rapporte tous. Ce tableau n'a que 10 pages, & il fupplée à deux à trois cens mille échelles , qui feroient néceffaires pour rendre toutes les combinaifons qui s'y trouvent, d'après la table des rapports que j'ai donnés , pages 94 & fuivantes. Mais pour faire ufage de cette table & de ce tableau graphique , il faut favoir lire.

Les rapports qu'il faut établir entre les poids , mefures & monnoies, font de deux fortes ; la premiere eft relative aux quantités, repréfentées par chaque mefure , & aux valeurs des monnoies ; & la feconde eft relative aux prix des mefures dans les proportions du contenu de chacune , & de la valeur des monnoies fur lefquelles on en fait le compte.

Des rapports des quantités ou valeurs.

Les rapports de toutes les mefures avec les nouvelles mefures de

France & avec celles de Paris , font expliqués par la table même fur deux colonnes. Chacune de ces colonnes, en donnant, l'une , les rapports de toutes les mesures à celles de Paris, & l'autre les mêmes rapports avec les mesures nouvelles de France , marquent auffi un rapport intermédiaire de chacune des autres mesures à telle autre que ce foit ; & c'eft par le moyen de ces rapports intermédiaires , que l'on fera tous les calculs qui y font relatifs. On voit , par exemple, que le muid de Bourgogne contient 312 pintes de Paris ; mais pour favoir combien il contient de gallons-à-vin d'Angleterre , il faut une opération. Il faut divifer 312 par 4 ; & par le calcul ordinaire comme par le calcul graphique, on trouve 78. On peut toujours rendre une mefure en une autre, par une opération qui confifte feulement à divifer le rapport intermédiaire de celle que l'on veut transformer par le rapport de celle en laquelle on veut la rendre. Si on veut favoir, par exemple , combien le laft d'Hambourg contient de facs de Genève, il faut divifer 20,75 , qui eft le rapport intermédiaire du laft de Hambourg , par 0,51 , qui eft le rapport intermédiaire du fac de Genève ; le quotient donne 40,7. On auroit pu auffi divifer 31,58 par 0,776 ; le réfultat auroit été le même , parce qu'il eft indifférent de prendre les rapports dans la premiere ou dans la feconde colonne, (excepté pour les monnoies, parce qu'elles ne font point exprimées en parties décimales dans la premiere). Mais il faut, pour chaque opération, les prendre tous dans la même. Pour plus de facilité , on préfere celle dont les rapports donnent le moins de chiffres.

Si on veut favoir combien le ducat d'Hollande vaut de fchelings d'Angleterre , il faut divifer 11,025 par 1,242 ; le quotient donne 8,9.

On veut favoir auffi quelquefois combien un nombre de mefures quelconques rendra dans une autre mefure. Je fuppofe que l'on veuille favoir combien 48 verges d'Angleterre rendront de mètres, il faut multiplier 48 par 0,915 , parce que la verge d'Angleterre contient 0,915 mètre, & on aura 43,92 mètres. Mais fi on veut favoir combien 48 verges d'Angleterre rendront de vares de Madrid, l'opération fera plus compliquée, parce que le rapport direct de la verge d'Angleterre à la vare de Madrid n'étant pas connu, il faut avoir recours à une mefure dont le rapport avec chacune de celles-ci foit connu. On peut choifir entre l'aune de Paris & le mètre. Je prends l'aune de Paris, & la queftion doit être pofée ainfi :

En 48 fois 0,77 , combien de fois 0,701 (*a*). Il eft évident qu'il faut multiplier 48 par 0,77 , & en divifer le produit par 0,701. Le produit de 48 , multiplié par 0,77 , eft 37 , & le quotient de 37 , divifé par 0,701 , eft 52,7 ; par où on connoît que 48 verges d'Angleterre font 52,7 vares de Madrid.

D'après l'ordre fuivant lequel la table des rapports des mefures eft rédigée , les opérations qui font relatives à leurs prix refpectifs , doivent être divifées en cinq claffes , qui ont chacune des combinaifons différentes. Savoir ;

La premiere claffe expliquera les rapports des mefures actuelles de France , tant avec celles de Paris qu'avec les nouvelles mefures républicaines.

La feconde claffe , les autres mefures de France entr'elles , & les mefures étrangeres chacune comparativement à celles du même pays , & encore entre différents pays , pourvu qu'il ne foit pas queftion de changer de monnoie.

La troifieme claffe fervira à expliquer les rapports des mefures étrangeres , tant avec celles de Paris qu'avec les nouvelles mefures de France.

La quatrieme claffe , les mefures étrangeres comparativement à celles de France , autres que celles de Paris , & les nouvelles mefures.

Et la cinquieme claffe fera pour les mefures étrangeres , celles d'un pays comparées à celles d'un autre , & en même-temps le rapport de la monnoie du pays de la mefure , dont le prix eft connu , en monnoies du pays de la mefure dont le prix eft inconnu.

(*a*) Parce que la verge d'Angleterre contient 0,77 aune de Paris , & que la vare de Madrid en contient 0,701.

PREMIERE CLASSE.

Prix des nouvelles mesures de France & de celles de Paris, dans la proportion de ceux des autres mesures de France.

Pour savoir le prix d'une mesure de Paris, ou d'une nouvelle mesure dans le rapport de celui d'une ancienne mesure de France, il faut diviser le prix de l'ancienne mesure par le rapport de quantité qu'elle a avec la mesure de Paris ou avec la nouvelle mesure.

Si on veut, par exemple, savoir le prix du mètre dans le rapport de 9 francs pour la canne de Toulouse, il faut diviser 9 par 1,8, parce que la canne de Toulouse contient 1,8 mètres. Si donc on prend le dividende 9 à son intersection avec le diviseur 1,8, on y trouve le quotient 5, & on connoît qu'à 9 francs la canne de Toulouse, cela fait 5 francs le mètre.

AUTRE.

A 760 francs le tonneau de Bordeaux, combien la pinte de Paris. A l'intersection du dividende 760 avec le diviseur 864, vous trouvez le quotient 0,88. Ainsi, vous savez qu'à 760 francs le tonneau, c'est 0,88 franc, ou 17 sols 7 den. la pinte.

Prix des Mesures actuelles de France, dans la proportion de celui des Mesures de Paris ou des nouvelles Mesures.

Pour savoir le prix d'une mesure actuelle de France, dans le rapport de celui d'une mesure de Paris ou d'une nouvelle mesure, il faut multiplier le prix de la mesure de Paris ou de la nouvelle mesure de France, par le rapport de quantité de l'ancienne mesure à celle-ci. Si on veut, par exemple, savoir le prix de la livre de Marseille dans le rapport de 7,5 francs le kilogramme, il faut multiplier 7,5 par 0,4, parce que la livre de Marseille pese 0,4 kilogramme. Ainsi, à l'intersection du multiplicande 7,5 avec le multiplicateur 0,4, on trouve le produit 3 ; par où on connoît qu'à

7,5 francs le kilogramme, cela fait 3 francs la livre de Marseille.

A U T R E.

A 25 francs l'hectolitre., combien le bichet de Lyon ?

A l'interfection du multiplicande 25 avec le multiplicateur 0,342, on trouve le produit 8,55 ; par où l'on connoît qu'à 25 francs l'hectolitre, cela fait 8,55 francs ou 8 liv. 11 fols le bichet de Lyon.

DEUXIEME CLASSE.

Prix des Mesures de France & autres pays, fans qu'il y ait lieu à à aucun change de Monnoie.

Comme les rapports directs de quantité des mesures qui entrent dans cette claffe ne font point connus, les opérations feront plus compliquées ; chacune fera une regle de Trois. Si on veut, par exemple, favoir le prix de la mine de Rouen dans le rapport de 8 francs le fetier d'Amiens, il faut prendre pour intermédiaire une mefure dont le rapport de quantité avec la mefure d'Amiens & avec celle de Rouen foit connu. Il y a à choifir entre le fetier de Paris & l'hectolitre, parce que toutes les mefures de capacité pour les grains leur font comparées. La queftion doit donc être pofée ainfi.

Si 0,213 (*a*) vaut 8 francs, combien vaut 0,6 ?

Ou fi 0,323 vaut 8 francs, combien vaut 0,913 ?

Je prends le premier problême. A l'interfection du multiplicande 0,6 avec le multiplicateur 8, on trouve le produit 4,8 ; & à l'interfection du dividende 4,8 avec le divifeur 0,213 , on trouve le quotient 22,5 ; par où on connoît qu'à 8 franc le fetier d'Amiens , cela fait 22,5 francs la mine de Rouen.

A U T R E.

A 7,5 francs le boiffeau d'Argueil, combien le fetier d'Arles ?

(*a*) Le fetier d'Amiens contient 0,213 hectolitre , & la mine de Rouen 0,6 ; le fetier d'Amiens, 0,323 fetier de Paris , & la mine de Rouen 0,913.

A l'interſection du multiplicande 7,5 avec le multiplicateur 0,129 , ſe trouve le produit 9,7 ; & à l'interſection du dividende 9,7 avec le diviſeur 0,216 , on trouve le produit 4,5.

A U T R E.

A 5 florins la brache de Baſle , combien l'aune de Berlin ?

A l'interſection du multiplicande 0,561 avec le multiplicateur 5 , prenez le produit 2,8 ; & à l'interſection du dividende 2,8 & du diviſeur 0,461 , prenez le quotient 6,1. Ainſi , vous ſaurez qu'à 5 florins la brache de Baſle , cela fait 6,1 florins , ſoit monnoie de Baſle ou de Berlin , dont on ſeroit convenu.

On voit que toutes les opérations qui dépendent de cette claſſe , conſiſtent à multiplier le rapport intermédiaire de la meſure dont le prix eſt inconnu par la valeur de la meſure dont le prix eſt connu , & d'en diviſer le produit par le rapport intermédiaire de celle-ci.

TROISIEME CLASSE.

Pour ſavoir le prix , en monnoie de France , d'une meſure de Paris ou d'une nouvelle meſure , dans le rapport de celui d'une meſure étrangere.

Quoique les rapports de quantité des meſures qui entrent dans cette claſſe ſoient connus , il y a encore complication dans la ſolution des problêmes qui les concernent , à cauſe du change des monnoies qu'il faut faire en même-temps que celui des meſures , & chaque opération ſera , comme dans la claſſe précédente , une regle de Trois.

Pour ſavoir le prix d'une meſute de France , dans le rapport de celui d'une meſure étrangere , il faut , premierement , rendre le prix de la meſure étrangere en monnoie de France , en multipliant le nombre de la monnoie étrangere par ſa valeur en monnoie de France , & diviſer ce produit par le rapport de quantité de la meſure étrangere avec celle de France. Si donc on veut ſavoir le prix de la livre poids de marc dans le rapport de 5 ſchelings la livre d'Angleterre, il faut multiplier 1,242 par 5 , parce que le ſcheling vaut 1,242

francs, & en divifer le produit par 0,928 , parce que la livre d'Angleterre pefe 0,928 livre poids de marc , & la queftion fe trouve pofée
ainfi :

Si 0,928 vaut 5 fois 1,242 , combien vaut 1 ?

A l'interfection du multiplicande 5 avec le multiplicateur 1,242 , fe
trouve le produit 6,21 ; & à l'interfection du dividende 6,21 avec le
divifeur 0,928 , fe trouve le quotient 6,7 : par où on connoît que le prix
de 6,7 francs la livre poids de marc eft , dans la proportion de 5 fchelings , la livre d'Angleterre.

A U T R E.

A 25 carlins la canne de Naples , combien le mètre.

A l'interfection du multiplicande 25 & du multiplicateur 0,44 ,
prenez le produit 11 ; & à l'interfection du dividende 11 avec le divifeur
1,965 , prenez le quotient 5,6 , qui eft la réponfe à la demande (a).

*Pour favoir le prix d'une mefure étrangere dans le rapport de celui d'une
mefure de Paris , ou d'une nouvelle mefure de France.*

Il faut réduire le prix de la mefure de France en monnoie étrangere , & en multiplier le produit par le rapport de quantité de la
mefure étrangere avec celle de France. Ainfi , pour favoir , par exemple , le prix de la livre d'Amfterdam dans le rapport de 8 décimes
le kilogramme , à l'interfection du dividende 0,8 avec le divifeur
0,105 (b) , prenez le quotient 7,6 ; & à l'interfection du multiplicande
7,6 avec le multiplicateur 0,491 , prenez le produit 3,73. Ainfi , vous

---

(a) Si on fait ce compte à la rigueur , on ne trouvera que 5,598 , différence
2 millimes , c'eft-à-dire , un demi-denier ; mais fi on vouloit auffi chercher la
plus grande précifion fur le tableau , on verroit que cette petite différence
n'y eft pas imperceptible ; car , en fuppofant , comme cela doit être , l'interfection à diftance égale des verticales 1,96 & 1,97 , on verroit que cette
interfection tomberoit un peu au-deffus de 5,6. Cela prouve qu'on peut opérer
par ce moyen , ainfi que je l'ai annoneé , avec une précifion fuffifante pour la
plupart des tranfactions.

(b) Je prends le fol commun , qui eft la monnoie qui fe compare la mieux
avec le décime.

connoîtrez qu'à 8 décimes le kilogramme, cela fait 3,73 fols communs ou ſtuyvers la livre d'Amſterdam.

A U T R E.

A 4,5 francs l'aune de Paris, combien la canne de Barcelone ?

A l'interſection du dividende 4,5 avec le diviſeur 2,9, ſe trouve le quotient 1,55 ; & à l'interſection du multiplicande 1,55 avec le multiplicateur 1,3, on trouve le produit 2. Ainſi on connoît qu'à 4,5 francs l'aune de Paris, cela fait 2 livres catalanes la canne de Barcelone.

Q U A T R I E M E C L A S S E.

Pour ſavoir le prix d'une ancienne meſure de France autre que celles de Paris & les républicaines, dans le rapport de celui d'une meſure étrangere.

Il faut, 1°. rendre le prix de la meſure étrangere en monnoie de France. 2°. Multiplier ce produit par le rapport intermédiaire de la meſure de France. 3°. Diviſer ce ſecond produit par le rapport intermédiaire de la meſure étrangere.

E X E M P L E S.

Le ſcheppel de Hambourg contient 0,692 ſetier de Paris.

Le marc lubb idem vaut 1,525 franc.

Le boiſſeau de Bordeaux contient 0,504 ſetier de Paris.

Si donc on veut ſavoir le prix du boiſſeau de Bordeaux dans la proportion de 12 marcs lubs le ſac de Hambourg, il faut poſer la queſtion comme ſuit :

Si 0,692 vaut 12 fois 1,525, combien vaut 0,504 ?

A l'interſection du multiplicande 12 avec le multiplicateur 1,525, on trouve le produit 18,3, qui eſt, en monnoie de France, le prix de la meſure de Hambourg. A l'interſection du multiplicande 18,3 avec le multiplicateur 0,504, ſe trouve le produit 9,32 ; & à l'interſection du dividende 9,32 avec le diviſeur 0,692, on trouve le quotient 13,3 : d'où il résulte qu'à 12 marcs lubs le sac de Hambourg, cela fait 13,3 francs le boisseau de Bordeaux.

A U T R E.

A 350 florins le last d'Amsterdam, combien la mine de Rouen ?

A l'intersection du multiplicande 350 avec le multiplicateur 2,092, on trouve le produit 732. A l'intersection du multiplicande 732 avec le multiplicateur 0,6 , on trouve le produit 439.2. Et à l'intersection du dividende 439,2 avec le diviseur 19,133 , on trouve le quotient 23. Par où l'on connoît qu'à 350 francs le last d'Amsterdam, cela fait 23 francs la mine de Rouen.

Pour savoir le prix d'une mesure étrangere dans la proportion de celui d'une mesure de France , autres que celles de Paris & les nouvelles mesures.

Il faut, 1º. rendre la monnoie de France en monnoie étrangere ; 2º. Multiplier ce produit par l'intermédiaire de la mesure étrangere ; 3º. Et diviser ce second produit par l'intermédiaire de la mesure de France.

E X E M P L E.

Pour savoir le prix de la grande pychys de Constantinople dans le rapport de 24 francs la canne de Marseille , pour les soieries ;

A l'intersection du dividende 24 avec le diviseur 3,092 , (qui est le rapport intermédiaire de la piastre de Constantinople) prenez le quotient 7,76. A l'intersection du multiplicande 7,76 avec le multiplicateur 0,596 , (qui est le rapport intermédiaire de la grande pychys) prenez le produit 4,61. Et à l'intersection du dividende 4,61 avec le diviseur 1,67, (qui est le rapport intermédiaire de la canne de Marseille , prenez le quotient 2,76 ; vous connoîtrez qu'à 24 francs la canne de Marseille , cela fait 2,76 piastres la grande pychys de Constantinople.

A U T R E.

A 280 francs la barrique de la Rochelle , combien l'ancre de Pétersbourg ?

A l'interſection du dividende 280 & du diviſeur 4,521, prenez le quotient 62. A l'interſection du multiplicande 62 avec le multiplicateur 36,94, prenez le produit 2290. Et à l'interſection du dividende 2290 avec le diviſeur 166, vous trouverez le quotient 13,8, & vous ſaurez qu'à 280 francs la barrique de la Rochelle, cela feroit 13 roubles & 8 griwnes l'ancre de Pétersbourg, parce que le rouble vaut 10 griwnes.

CINQUIEME CLASSE.

Prix des meſures de différentes Nations, rendues chacune dans leurs Monnoies reſpectives.

Les opérations relatives aux meſures entre différents pays étrangers, ſeront les plus compliquées, parce qu'aucuns de leurs rapports directs ne ſont connus ni ſur les meſures ni ſur les monnoies. Il faudra donc,

1°. Rendre le prix connu en monnoie du pays de la meſure dont le prix eſt inconnu.

2°. Multiplier ce produit par le rapport intermédiaire de la meſure dont on veut connoître le prix.

3°. Enfin, diviſer ce ſecond produit par le rapport intermédiaire de la meſure dont le prix eſt connu.

Si donc on veut ſavoir, par exemple, le prix du gallon de vin d'Angleterre, dans le rapport de 45 reaux pour l'arrobe de Cadix, il faut opérer comme ſuit :

A l'interſection du multiplicande 45 avec le multiplicateur 0,513 (*a*), on trouve le produit 23,1 ; à l'interſection du dividende 23,1 avec le diviſeur 1,242, on trouve le quotient 18,5 (*b*) ; à l'interſection du multiplicande 18,5 avec le multiplicateur 4 (*c*), on trouve le produit 74 ; & à l'interſection du dividende 74 avec le diviſeur 16,134 (*d*), on trouve le quotient 4,8 : par où on connoît qu'à

(*a*) Rapport intermédiaire de la Monnoie de Cadix.

(*b*) Prix connu rendu en monnoie du pays de la meſure dont le prix eſt inconnu.

(*c*) Rapport intermédiaire de la meſure dont le prix eſt inconnu.

(*d*) Rapport intermédiaire de la meſure dont le prix eſt connu.

45 reaux l'arrobe de Cadix, cela fait 4,8 fchelings le gallon d'Angleterre.

AUTRE EXEMPLE.

A 40 dalers de cuivre l'eimer de Suéde , combien la tonne à bierre de Dannemarck ?

A l'interfection du multiplicande 40 (*a*) avec le multiplicateur 0,676 (*b*) , prenez le produit 27 ; à l'interfection du dividende 27 avec le divifeur 4,185 (*c*) , prenez le quotient 6,46 (*d*) ; à l'interfection du multiplicande 6,46 avec le multiplicateur 137,9 (*e*) , prenez le produit 891 ; & enfin , à l'interfection du dividende 891 avec le divifeur 71,5 (*f*) , prenez le quotient 12,5. Vous connoîtrez qu'à 40 dalers de cuivre l'eimer de Suéde , cela fait 12,45 rixdalers la tonne de Dannemarck.

Rapports du poids avec la mefure.

Outre les rapports expliqués ci-deffus , il en eft de relatifs à la pefanteur & au volume du contenu des mefures qu'il eft effentiel de connoître.

Pour favoir la pefanteur du contenu d'une mefure.

Il faut, 1º. multiplier le rapport de quantité de la mefure par la pefanteur fpécifique de la matiere dont elle eft remplie. Si on veut favoir , par exemple , combien de livres poids de marc pefe le fcheffel de feigle de Brême , il faut multiplier 0,46 , qui eft le rapport de quantité du fcheffel de Brême , par 218,1 , qui eft en livres poids de marc la pefanteur du fetier de feigle. Ainfi , à l'in-

---

(*a*) Nombre de la monnoie de Suéde.

(*b*) Rapport intermédiaire de la monnoie de Suéde.

(*c*) Rixdaler courant, unité monnétaire de Dannemarck.

(*d*) Vous avez en rixdalers le prix de l'eimer de Suéde.

(*e*) Qui eft le rapport intermédiaire de la tonne de Dannemarck.

(*f*) Qui eft le rapport intermédiaire de l'eimer de Suéde.

terſeſtion du multiplicande 0,46 avec le multiplicateur 218,1 , on trouve le produit 100,3 : par où on connoît que le ſcheffel de ſei-gle de Brême peſe 100,3 livres poids de marc.

AUTRE EXEMPLE.

Pour ſavoir combien le ſetier de bled de Paris peſe de kilogrammes.

A l'interſeſtion du multiplicande 1,522 avec le multiplicateur 76 , on trouve le produit 115,6 , qui eſt la ſolution du problême.

Pour ſavoir la meſure d'un poids quelconque de denrées ou autres matieres.

Il faut le diviſer par la peſanteur ſpécifique de la matiere dont il eſt queſtion , & en diviſer le quotient par le rapport de quantité de la meſure en laquelle on veut le rendre. Si on veut , par exem-ple, ſavoir combien 3500 livres de bled font de mines de Rouen ;

A l'interſeſtion du dividende 3500 avec le diviſeur 236,5 , prenez le quotient 14,8 ; & à l'interſeſtion du dividende 14,8 avec le divi-ſeur 0,6 , on trouve le quotient 24,7. , qui indique 24,7. mines.

AUTRE.

Pour ſavoir combien 60 kilogrammes d'huile de vitriol font de pintes de Paris.

A l'interſeſtion du dividende 60 avec le diviſeur 1,7 , prenez le quo-tient 35,3 ; & à l'interſeſtion du dividende 35,3 avec le diviſeur 0,951 , prenez le quotient 37 , qui indique 37 pintes.

Prix des meſures dans la proportion de ceux des poids.

Pour ſavoir le prix du contenu d'une meſure dans le rapport de celui d'un poids donné , il faut , 1o. multiplier le rapport intermé-diaire de la meſure par la peſanteur ſpécifique de la matiere ou den-rée dont il eſt queſtion ;

2o. Multiplier ce premier produit par le prix du poids donné ;

3o. Enfin, diviſer ce ſecond produit par le poids donné ; le quotient donne la ſolution du problême.

E X E M P L E.

A 16 francs les 100 livres de bled , combien le fetier de Nantes ?

A l'interfection du multiplicande 0,912 avec le multiplicateur 236,5, prenez le produit 215,7. A l'interfection du multiplicande 215,7 avec le multiplicateur 16 , prenez le produit 3450. Enfin , divifez ce fecond produit par 100 ; en retranchant deux chiffres par une virgule , vous aurez pour réfultat 34,5 : par où vous connoîtrez qu'à 16 francs le quintal de bled , cela fait 34,5 francs le fetier de Nantes.

A U T R E.

A 0,75 francs le kilogramme de riz , combien le boiffeau de Paris ?

A l'interfection du multiplicande 0,127 avec le multiplicateur 80,5, prenez le produit 10,22. A l'interfection du multiplicande 10,22 avec le multiplicateur 0,75 , on trouve le produit 7,7. Ainfi , on connoît qu'à 0,75 francs le kilogramme de riz , cela fait 7,7 francs le boiffeau de Paris , parce qu'il n'y a jamais lieu à divifer par l'unité.

Rapports des longueurs aux quarrés.

Pour rendre le quarré d'une longueur quelconque , il faut multiplier cette longueur par fa largeur. Si on veut, par exemple, favoir combien il y a de mètres quarrés dans une piece d'étoffe de la longueur de 48 mètres & de la largeur de 0,86 ;

A l'interfection du multiplicande 48 avec le multiplicateur 0,86 , on trouve le produit 41,28. Ainfi , on connoît qu'une longueur de 48 , dans la largeur de 0,86 , donne en quarrés 41,28.

Pour favoir la longueur néceffaire d'une étoffe dans une largeur donnée , pour rendre un nombre de quarrés quelconque , il faut divifer le nombre des quarrés demandé , par la largeur de l'étoffe.

Un particulier , par exemple , a befoin de trois aunes quarrées de drap dont la largeur eft d'1,2 aunes , & il veut favoir quelle longueur il lui en faut.

A l'interfection du dividende 3 avec le divifeur 1,2 , il trouve le quotient 2,5 : par où il connoît qu'il lui en faut 2 aunes $\frac{1}{2}$.

De la racine quarrée des nombres.

On appelle racine quarrée d'un nombre, celui qui doit être multiplié par lui-même pour le rendre. Le nombre 3 , par exemple , eft la racine quarrée de 9 , parce que 3 , multipliés par 3 , font 9. 6 eft donc la racine quarrée de 36 , 8 celle de 64 , 100 celle de 10000 , &c.

L'extraction de la racine quarrée n'eft jamais demandée qu'à ceux qui font très-avancés dans l'arithmétique. Cependant qui que ce foit pourra la faire avec mon petit tableau graphique , puifqu'à l'interfection de la diagonale avec la courbe marquant le nombre dont on veut extraire la racine, on trouvera toujours le quotient qui marque cette racine. On veut , par exemple , favoir la largeur d'une table quarrée de 24 pieds de fuperficie ;

A l'interfection de la diagonale avec le dividende 24 , on trouve le quotient 4,9 : par où on connoît qu'une table quarrée de 24 pieds a 4,9 pieds de large.

Comme les fractions décimales ne font pas encore adoptées , il convient ici d'indiquer la maniere de les rendre en d'autres fractions.

Pour rendre une fraction décimale en une autre fraction quelconque, il faut multiplier fon numérateur par le dénominateur de la fraction en laquelle on veut la rendre. Et pour rendre 0,9 ou $\frac{9}{10}$ pied en pouces , il faut donc multiplier 0,9 par 12 , parce que le pied eft compofé de 12 pouces. Et à l'interfection du multiplicande 0,9 avec le multiplicateur 12 , on trouve le quotient 10,8 ; & l'on connoît que $\frac{9}{10}$ pied font 10,8 pouces. Mais pour opérer avec précifion , il faut rendre de la même maniere les $\frac{8}{10}$ pouces en lignes ; on trouve 9 $\frac{1}{2}$. Ainfi, on fait qu'une table quarrée de 24 pieds , doit avoir 4 pieds 10 pouces 9 lignes $\frac{1}{2}$ de large.

Faifons la même chofe pour l'aune. Si on veut fur une largeur quelconque, une longueur néceffaire pour faire un nombre de quarrés demandé, & que cette longueur donne une fraction ; si on a, par exemple, demandé 2,5 aunes quarrées sur une largeur de 0,8, le quotient donne 3,125, il convient de rendre les 125 milliemes en huïtiemes ;

A l'intersection du multiplicande 0,125 avec le multiplicateur 8, on trouve le quotient 1. Ainsi, on connoît que $\frac{125}{1000}$ font $\frac{1}{8}$.

C'est le cas de parler ici de la réduction des fractions ordinaires en fractions décimales. Elle s'opere, ainsi que je l'ai déjà dit, en divisant le numérateur par le dénominateur ; elle est extrêmement facile par le calcul graphique.

EXEMPLES.

Soit à rendre $\frac{3}{4}$ en fractions décimales ;

A l'intersection du dividende 3 avec le diviseur 4, on trouve le quotient 0,75 : par où on connoît que $\frac{3}{4}$ font 75 centiemes.

AUTRE.

Soit à rendre $\frac{23}{82}$ en fractions décimales ;

A l'intersection du dividende 23 avec le diviseur 82, on trouve le quotient 0,28, qui est la solution du problême.

Des Changes.

Il sera facile de suppléer à la table du pair des changes pour les articles qui ne s'y trouvent pas. Si l'on veut, par exemple, savoir le pair de la rixdale de Basle en deniers sterlings d'Angleterre ;

A l'intersection du dividende 4,85, qui est le rapport intermédiaire de la rixdale de Basle avec le diviseur 0,103, qui est le rapport intermédiaire du denier sterling d'Angleterre, on trouve le quotient 47, qui est la solution du problême.

AUTRE.

Combien de ducats de banque à Venise pour 100 écus sur Lyon ?

A l'intersection du dividende 300 avec le diviseur 5, on trouve le quotient 60.

Des Intérêts & Escomptes.

Celui qui donne, par exemple, fon argent à 5 pour cent d'intérêt par an, donne 1000 francs en efpeces & reçoit de l'emprunteur fon billet ou autre (qu'il lui négocie) de la fomme de 1050 francs , à un an de terme. Celui-là a vraiment de l'argent à 5 pour cent. Mais celui qui efcompte un billet de 1000 livres d'un an de terme, à 5 pour cent, ne reçoit que 950 liv. (Je ne parle point des frais de cour-tage.) Il loue donc fon argent 5,263 , c'eft-à-dire , un peu plus de 5 ¼ pour 100. C'eft ce qui s'appelle l'intérêt compté en dedans. Et de l'autre maniere, les intérêts font comptés en dehors.

Je ne prétends point critiquer la maniere dont les Courtiers & Chan-geurs font leurs comptes , ni les conditions ordinaires des changes ; cha-cun cherche de fon côté à obtenir les conditions les plus avanta-geufes , cela eft naturel : mais je dirai que les intérêts & efcomptes ne font pas comptés avec cette régularité qui me femble néceffaire. Au lieu de les compter ftrictement jour par jour , on fe contente affez ordinairement de divifer le mois en plus ou moins d'échelons , à chacun defquels on s'arrête, fans compter les jours intermédiaires. Il eft affez d'ufage de divifer le mois en fix , c'eft-à-dire , de 5 en 5 jours ; enforte que les intermédiaires font au bénéfice des Courtiers ; & celui. , par exemple , qui dépofe le 17 , compte comme s'il n'a-voit dépofé que le 20 ; & celui qui reçoit le 17 , comme s'il avoit reçu dès le 15.

La maniere dont on fait les comptes pourroit être fimplifiée , parce que pour chaque objet , foit en avance ou en retard , on fait un compte définitif d'intérêts , au lieu que l'on pourroit feulement por-ter les fommes & le temps d'avance ou de retard , fauf à compter le prix de l'intérêt fur le total ; de maniere que celui , par exemple , qui avanceroit 2000 francs pour 2 mois ½ , porteroit 5000 liv. à la colonne des intérêts , lefquels étant comptés en maffe à la fin de chaque trimeftre ou femeftre , ces 2000 liv. y entreroient pour ce qu'ils doivent payer , comme fi le compte en avoit été fait féparément. Si l'intérêt étoit à 5 ½ pour 100 par an , on multiplieroit le total par 5 ½ ; on prendroit le douzieme du produit , que l'on diviferoit par 100, en retranchant 2 chiffres , & les 2000 liv. dont il eft parlé ci-deffus y entreroient pour 22 liv. 18 fols 4 den.

Il feroit encore plus facile de compter les intérêts par jour ; c'eft alors qu'ils pourroient être comptés avec la plus grande précifion. Dans le cas précité , pour 2000 francs on auroit porté 150000 , parce que 2 mois & demi font 75 jours ; & l'intérêt , à $5\frac{1}{2}$ pour 100 par an , étant 0,15 millime par jour , à la fin du trimeftre ou femeftre on multiplieroit le total par 0,15 : on en retrancheroit 5 chiffres , parce que 0,15 millime ne font que des cent milliemes de franc ; le produit donneroit 22 liv. 10 fols. Différence de l'autre procédé, 8 fols 4 den. Elle provient de ce que le mois moyen n'eft pas précifément de 30 jours, mais de $30\frac{7}{16}$.

Février , qui n'a que 28 jours , compte comme Mars qui en a 31 ; & dans le nouveau ftyle , que fait-on des jours complémentaires ? Toutes ces difficultés difparoîtroient par la maniere que je propofe ; & au moyen d'un tableau de l'intérêt de chaque jour , dans la proportion du taux dont on conviendroit pour 100 francs , foit par an , foit par mois , toutes les opérations feroient faciles. *Comme alors* tous les procédés feroient uniformes , quelles que fuffent les conventions , on pourroit donc ftipuler par quarts , par huitiemes , par fixiemes , &c. fans rifque de compliquer les calculs. Mais dans ce cas , il feroit encore mieux de convenir de l'intérêt à tant par jour.

On voit que tous les calculs d'un compte , quels qu'ils fuffent , fe réduiroient à une fimple multiplication pour chaque fomme en particulier , foit au débit , foit au crédit , & à une autre multiplication fur le total. Le calcul graphique donnera auffi de grandes facilités pour ces fortes d'opérations , fans trop s'occuper de la valeur des fractions , ainfi que je l'ai expliqué ci-devant , parce que les réfultats parlent d'eux - mêmes. Il faudra , pour le calcul ci-deffus , opérer comme fuit :

A l'interfection du multiplicande 2000 avec le multiplicateur 75, il faut prendre le produit 150000 ; & à l'interfection du multiplicande 150000 avec le multiplicateur 0,15 , on trouve le produit 22,5 , (parce que , fur la pofition, on a retranché 5 chiffres qu'il falloit retrancher fur le produit.) Même réfultat que ci-deffus.

Si l'efcompte étoit à un millieme par jour , il pourroit fe calculer par une fimple multiplication de la valeur de l'effet par le nombre des jours qu'il a encore à courir.

Soit, par exemple, à calculer l'efcompte d'un effet de 350 liv. , à 94 jours de terme ;

A l'interfection du multiplicande 94 avec le multiplicateur 350 , on trouve le produit 32,9.

Au lieu de calculer l'efcompte , pour le fouftraire enfuite du capital, on fimplifieroit encore l'opération , en calculant de fuite l'inverfe, c'eft-à-dire, ce qui doit être payé au lieu de ce qui doit être retenu. Revenant, par exemple, fur l'opération ci-deffus , pour calculer le produit d'un effet de 350 liv.., à 3 mois 4 jours de terme , à l'efcompte d'un millieme par jour ;

A l'interfection du multiplicande 906 (a) avec le multiplicateur 350 , on trouve le produit 317,1 ; par où l'on connoît qu'il faut payer 317,1 francs fur cet effet.

Sur l'échelle ou tableau de réduction de la valeur nominale des affignats en valeur métallique.

La plus belle maniere de rendre la valeur métallique des Affignats ou autres papiers-monnoie, feroit d'exprimer en millimes la valeur métallique de chaque franc d'affignats , en pofant au befoin jufqu'à trois chiffres aux fractions. Ce mode cadreroit parfaitement avec notre fyftême numérique, & les chiffres qui précéderoient la virgule , exprimeroient (fauf les fractions) le nombre des francs auquel fe trouveroit réduit l'affignat de 1000 liv.

Cependant comme on éprouve toujours quelque difficulté à fe familiarifer avec des nombres élevés, & que l'on eft beaucoup dans l'habitude de compter par cent, j'eftime qu'il convient d'exprimer en centimes

______

(a) Si la part de celui qui paye eft 94 fur 1000 , la part de celui qui reçoit eft 906.

les valeurs métalliques du franc ; à ce moyen , les chiffres qui précéderont la virgule exprimeront (fauf les fractions) le nombre des francs , valeur métallique , de l'affignat de 100 liv. J'avois donné un tableau fur ce modèle dans ma précédente édition , mais vu la loi qui ordonne qu'il en fera fait un pour chaque Département , je me borne pour celle-ci à donner mon opinion fur la maniere dont ils doivent être faits & fur celle d'en faire ufage.

N'eft-il pas étonnant que , fans égard à une loi qui doit faire époque dans les faftes de l'Hiftoire de France (je parle de la loi fur le nouveau fyftême métrique & fur les parties décimales) ; n'eft-il pas étonnant , dis-je , que , fans égard à cette loi , & lorfque la comptabilité nationale y eft foumife , on faffe encore des tables fur l'ancien fyftême ; comme fi on prenoit à tâche de perpétuer les difficultés qui en font inféparables.

Il vient de paroître une échelle ou tableau fur la dépréciation du papier-monnoie. A chaque époque la valeur métallique de l'affignat de 100 francs eft exprimée en livres , fols , deniers & fractions de deniers , & chaque échelon eft rendu par un tableau d'environ deux cens chiffres ; parce qu'à ce moyen , en réuniffant plufieurs lignes de ce tableau , on peut avoir le produit d'une fomme quelconque.

A la date du 8 Floréal de l'an IIIe, par exemple , le prix du louis étant à 275 francs , le tableau dont je parle exprime la valeur métallique du franc de papier par 1 fol 8 den. $\frac{12}{55}$; & pour extraire le produit de 870 francs , on devra opérer comme fuit :

$$
\begin{array}{llll}
\text{Pour} \quad 500 & \ldots \ 43 & 12 & 8 \ \frac{8}{55}. \\
300 & \ldots \ 26 & 3 & 7 \ \frac{7}{11}. \\
50 & \ldots \ 4 & 7 & 3 \ \frac{3}{11}. \\
10 & \ldots \ 17 & 5 & \frac{1}{11}. \\
10 & \ldots \ 17 & 5 & \frac{5}{11}. \\
\hline
870 & \ldots \ 75 & 18 & 5 \ \frac{53}{55}.
\end{array}
$$

Voici à la vérité un réfultat d'une grande précifion. Oppofons cependant , à ce procédé , celui qui donneroit le même réfultat par les parties décimales, & d'après la formation du tableau , ainfi qu'elle eft expliquée ci-deffus.

La valeur métallique du franc , dans la proportion du prix du louis à 275 liv., fera exprimée ainfi , 8,727 , au lieu du tableau de deux cens chiffres dont il eft parlé ci-deffus ; & pour avoir le produit de 870 , valeur nominale , je multiplie ce nombre par la valeur métallique. Cet exemple fervira de regle générale.

$$870$$
$$8,727$$

$$6090$$
$$1740$$
$$6090$$
$$6960$$

$$75,92490$$

Il eft aifé de voir pourquoi je retranche cinq chiffres au produit, quoiqu'il n'y en ait que trois aux fractions du multiplicande. Comme il n'exprime que des centimes , je n'aurois encore que des centimes au produit , fi je n'avois retranché que trois chiffres , mais j'en retranche cinq pour avoir des francs,

Le calcul linéaire fervira encore avantageufement pour ces opérations, parce qu'il faudra toujours multiplier la valeur nominale par la valeur métallique qui y répond ; & pour l'opération ci-deffus, par exemple , à l'interfection du multiplicande 870 avec le multiplicateur 8,727, on trouve le produit 75,9.

Toutes les explications contenues en ce Chapitre, excepté celles qui font relatives à la maniere de faire les quatre premieres regles, peuvent guider ceux qui voudront opérer avec les chiffres , puifqu'elles défignent , pour la folution de chaque problême, plus ou moins compliqué , l'ordre des multiplications & des divifions néceffaires. Pour favoir , par exemple , le prix de la tonne à bierre de Dannemarck , dans le rapport de 40 dalers de cuivre la tonne de Suede , en fe conformant à l'explication de la page 64 , on connoîtra

qu'il faut opérer comme fuit , en commençant par rendre en monnoie de Dannemarck le prix de la mefure de Suede.

$$40$$
$$0,676 \ (a)$$

$$240$$
$$280$$
$$240$$

$$27,040$$
$$1,9300$$
$$25600$$

$$490$$

$$\left\{ \dfrac{4,185 \ (b)}{6,46 \ (c)} \right.$$

En cet état, la queftion doit être pofée ainfi :

Si 71,5 (d) vaut 6,46 rixdalers, combien vaut 137,9 (e) ?

$$137,9$$

$$5814$$
$$4522$$
$$1938$$
$$646$$

$$890,834$$
$$175,8$$
$$32,83$$
$$4,234$$

$$659$$

$$\left\{ \dfrac{71,5}{12,45} \right.$$

Même réfultat que par le calcul linéaire, c'eft-à-dire , 12,45 rixdales la tonne de Dannemarck.

(a) Rapport intermédiaire du daler de Suede.
(b) Rapport intermédiaire de la rixdale de Dannemarck.
(c) Prix de la mefure de Suede , rendu en rixdales de Dannemarck.
(d) Rapport intermédiaire de l'eimer de Suede.
(e) Rapport intermédiaire de la tonne de Dannemarck.

TABLEAU

GRAPHIQUE

pour l'Arithmétique linéaire.

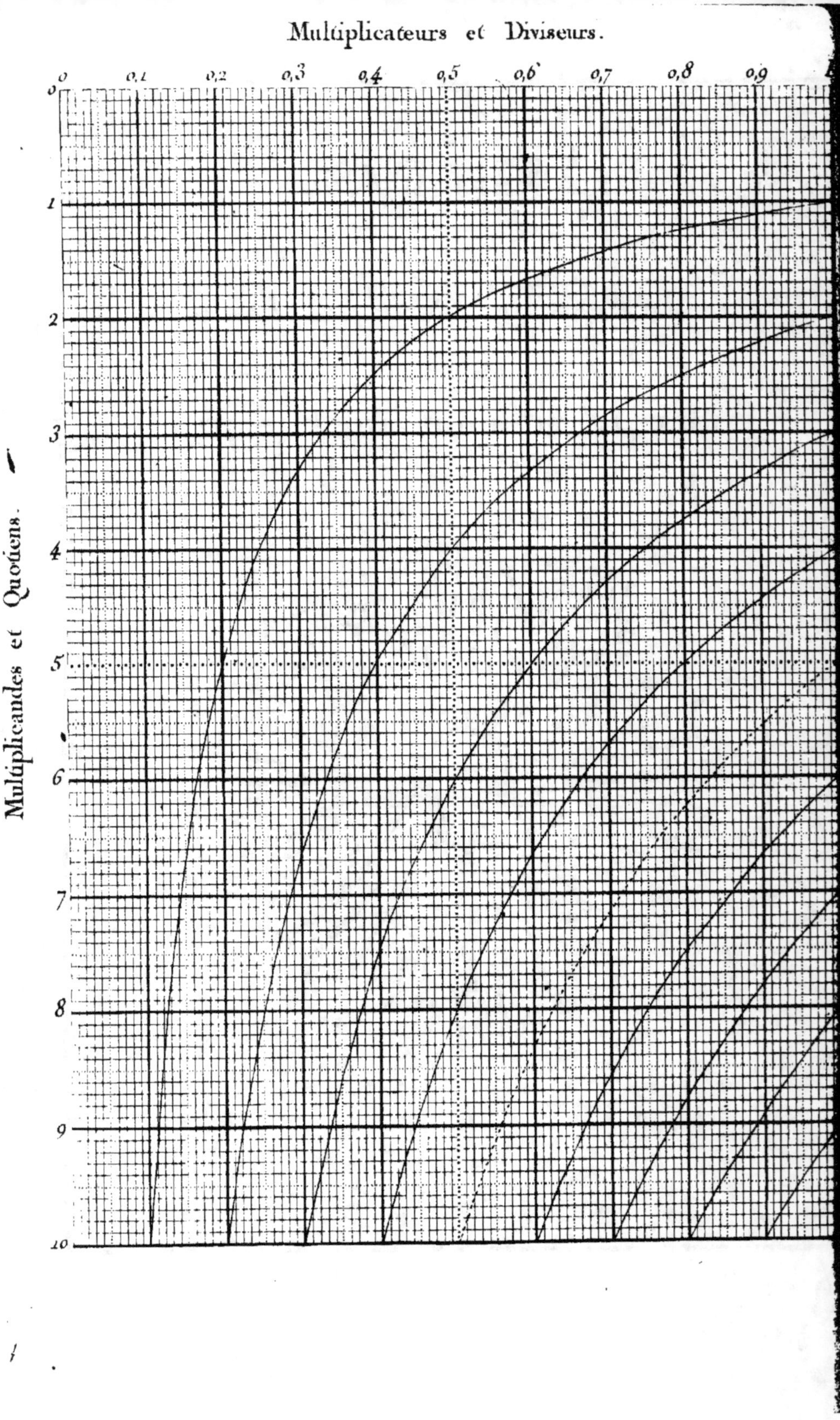

Multiplicateurs et Diviseurs.
0   0,1   0,2   0,3   0,4   0,5   0,6   0,7   0,8   0,9   1
0
1
2
3
4
5
6
7
8
9
10
Multiplicandes et Quotiens.

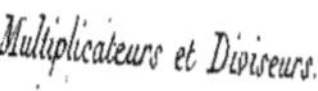

Tableau Graphique pour l'Arithmétique linéaire

Multiplicateurs et Diviseurs.
0
1
2
3
4
5
6
7
8
9
10
Multiplicandes et Quotiens.
Produits et Dividendes.
10
20
30
40
50
60
70
80
90
100

Les verticales et les horizontales, en coupant la diagonale, marquent la Racine Quarrée des nombres qui répondent aux courbes.

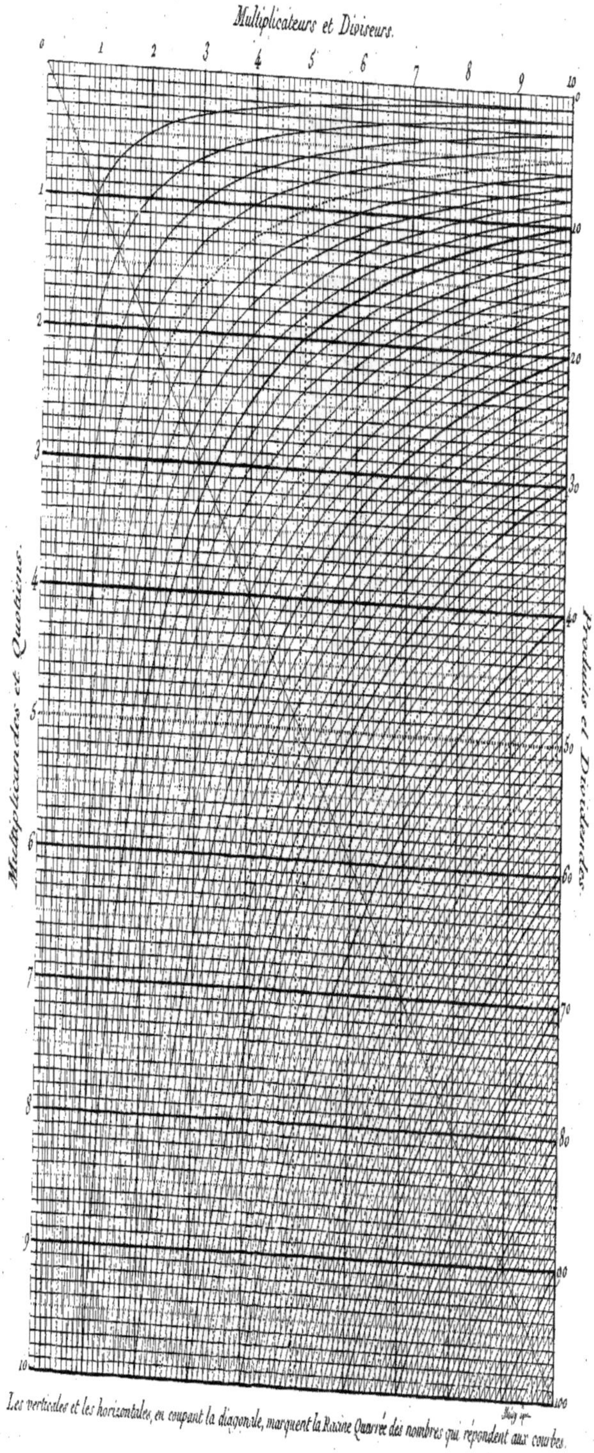

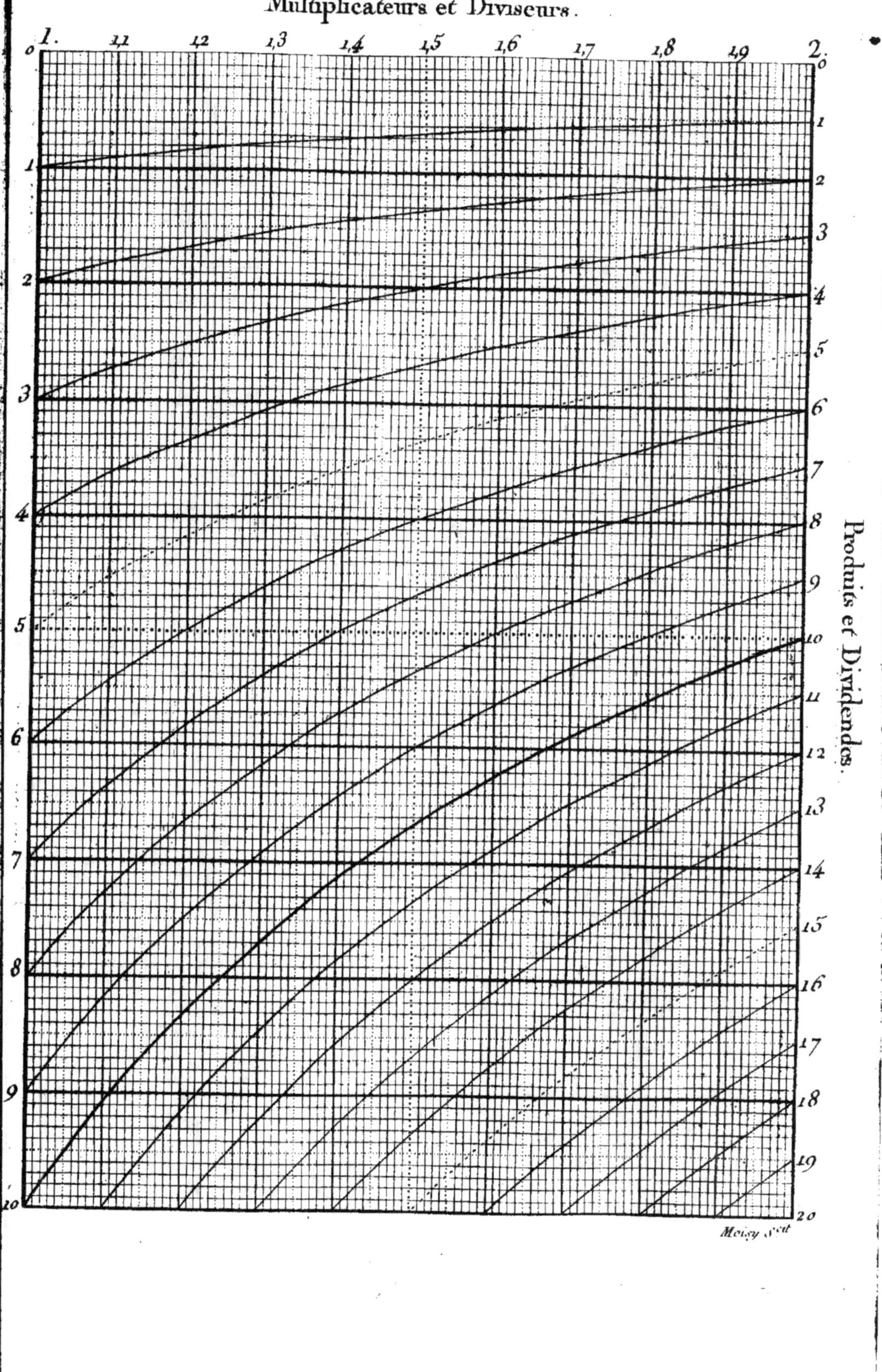

Multiplicateurs et Diviseurs.
1. 1,1 1,2 1,3 1,4 1,5 1,6 1,7 1,8 1,9 2
Produits et Dividendes.
Moisy Sc.

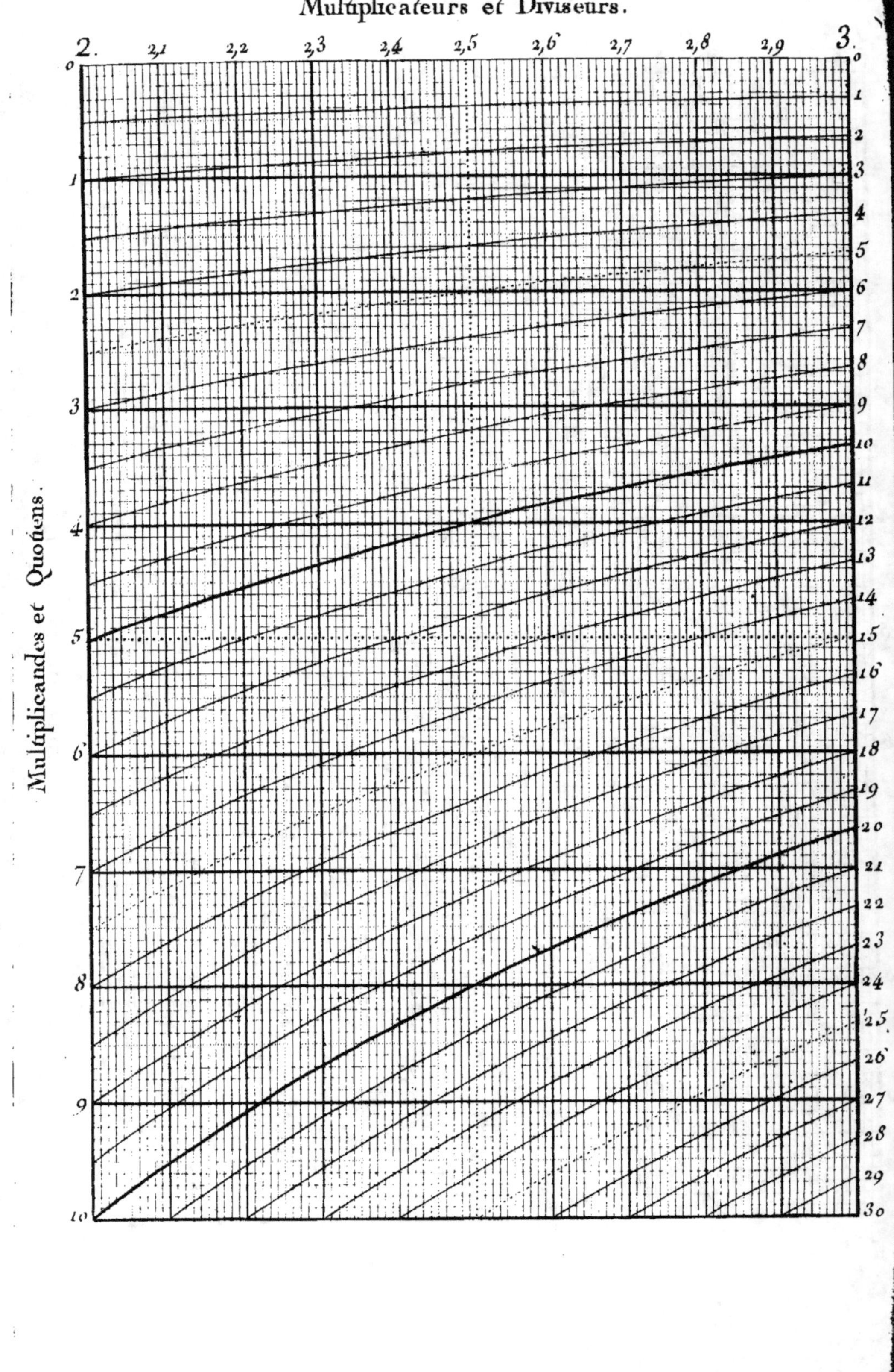

Multiplicateurs et Diviseurs.
2. 2,1 2,2 2,3 2,4 2,5 2,6 2,7 2,8 2,9 3.
Multiplicandes et Quotiens.
0 1 2 3 4 5 6 7 8 9 10
0 1 2 3 4 5 6 7 8 9 10 11 12 13 14 15 16 17 18 19 20 21 22 23 24 25 26 27 28 29 30

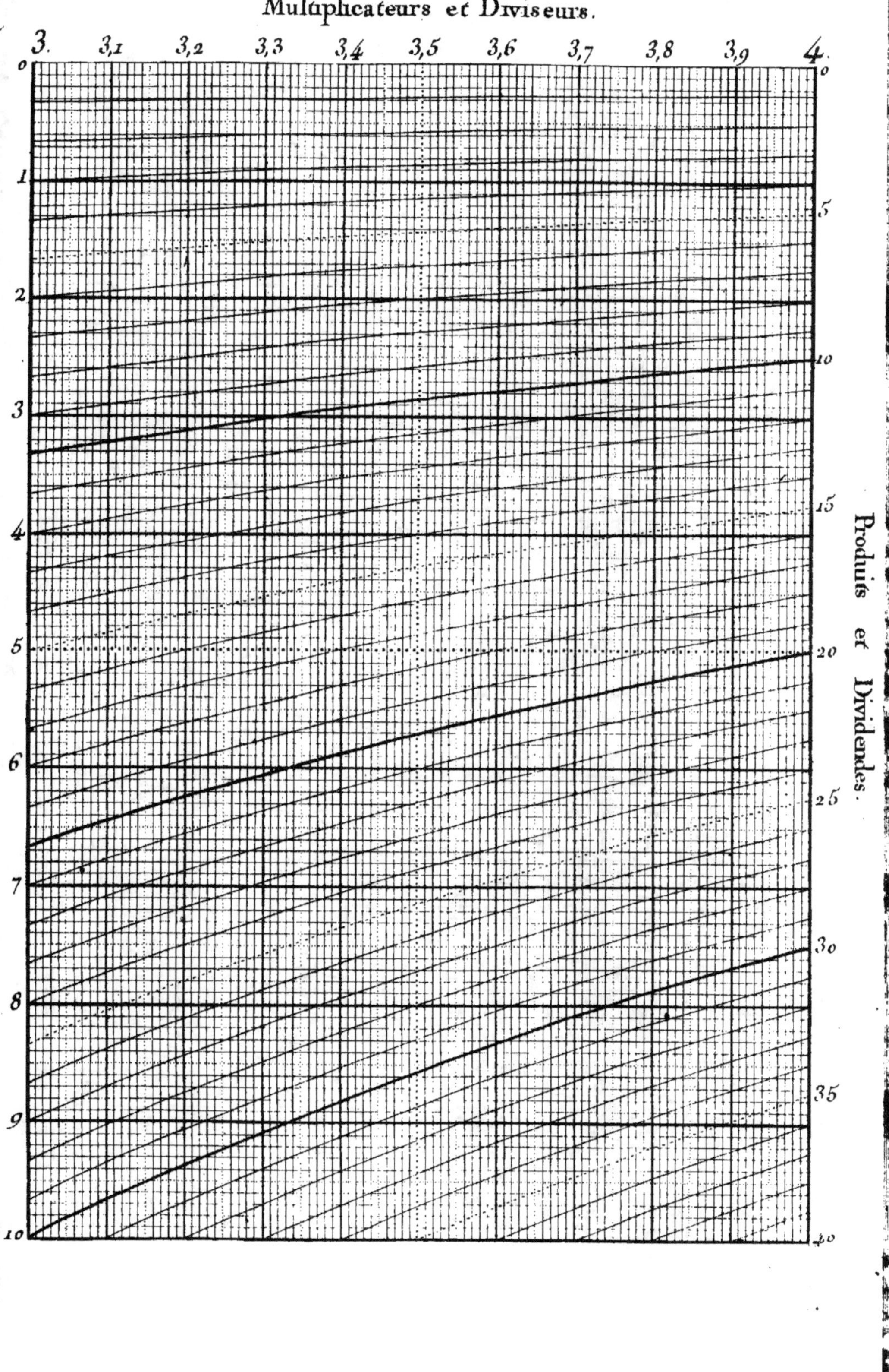

Multiplicateurs et Diviseurs.
3.   3,1   3,2   3,3   3,4   3,5   3,6   3,7   3,8   3,9   4.
Produits et Dividendes.
0
1
2
3
4
5
6
7
8
9
10
5
10
15
20
25
30
35
40

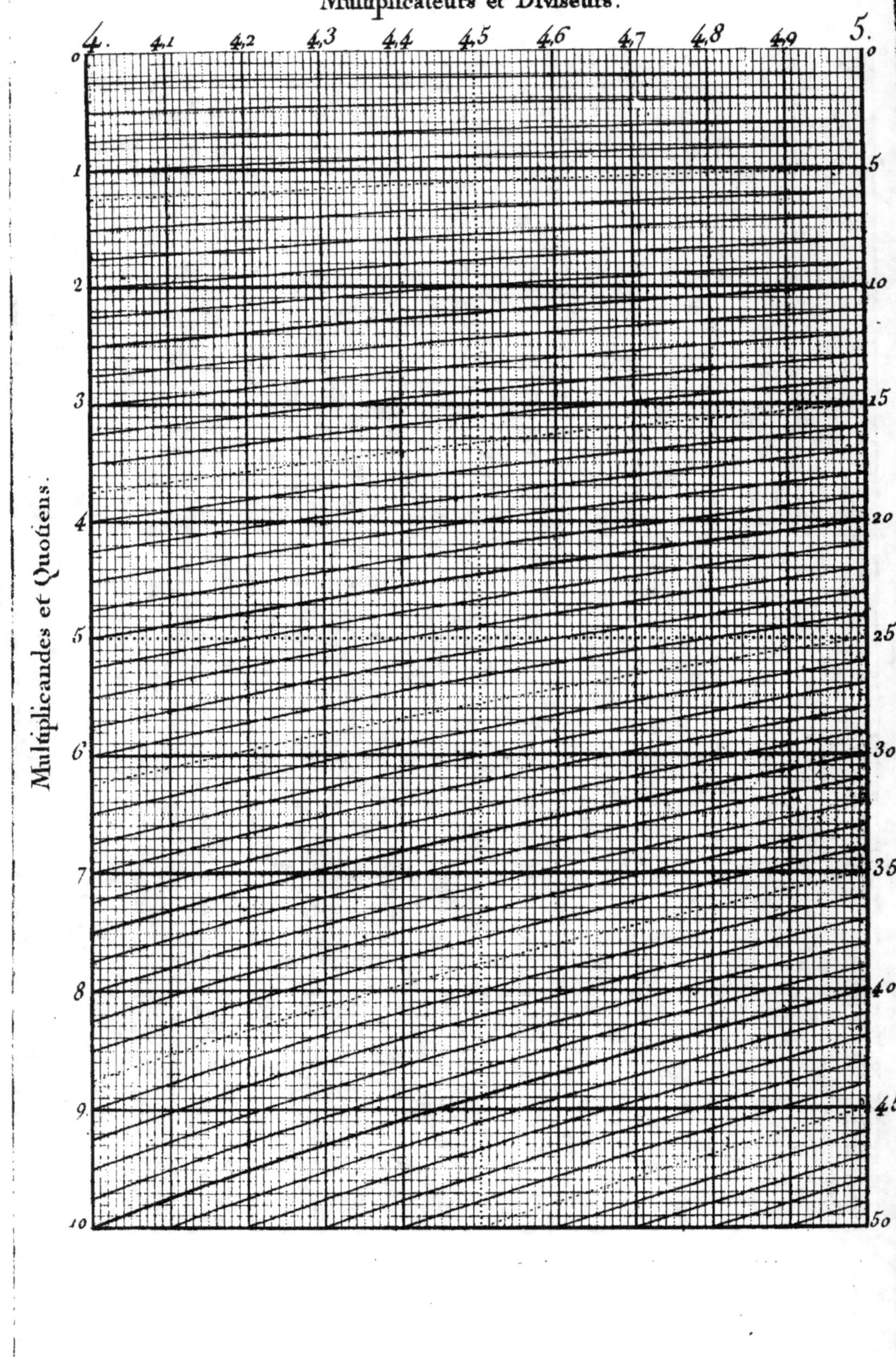

Multiplicateurs et Diviseurs.
4.   4,1   4,2   4,3   4,4   4,5   4,6   4,7   4,8   4,9   5.
Multiplicandes et Quotiens.
0   1   2   3   4   5   6   7   8   9   10
0   5   10   15   20   25   30   35   40   45   50

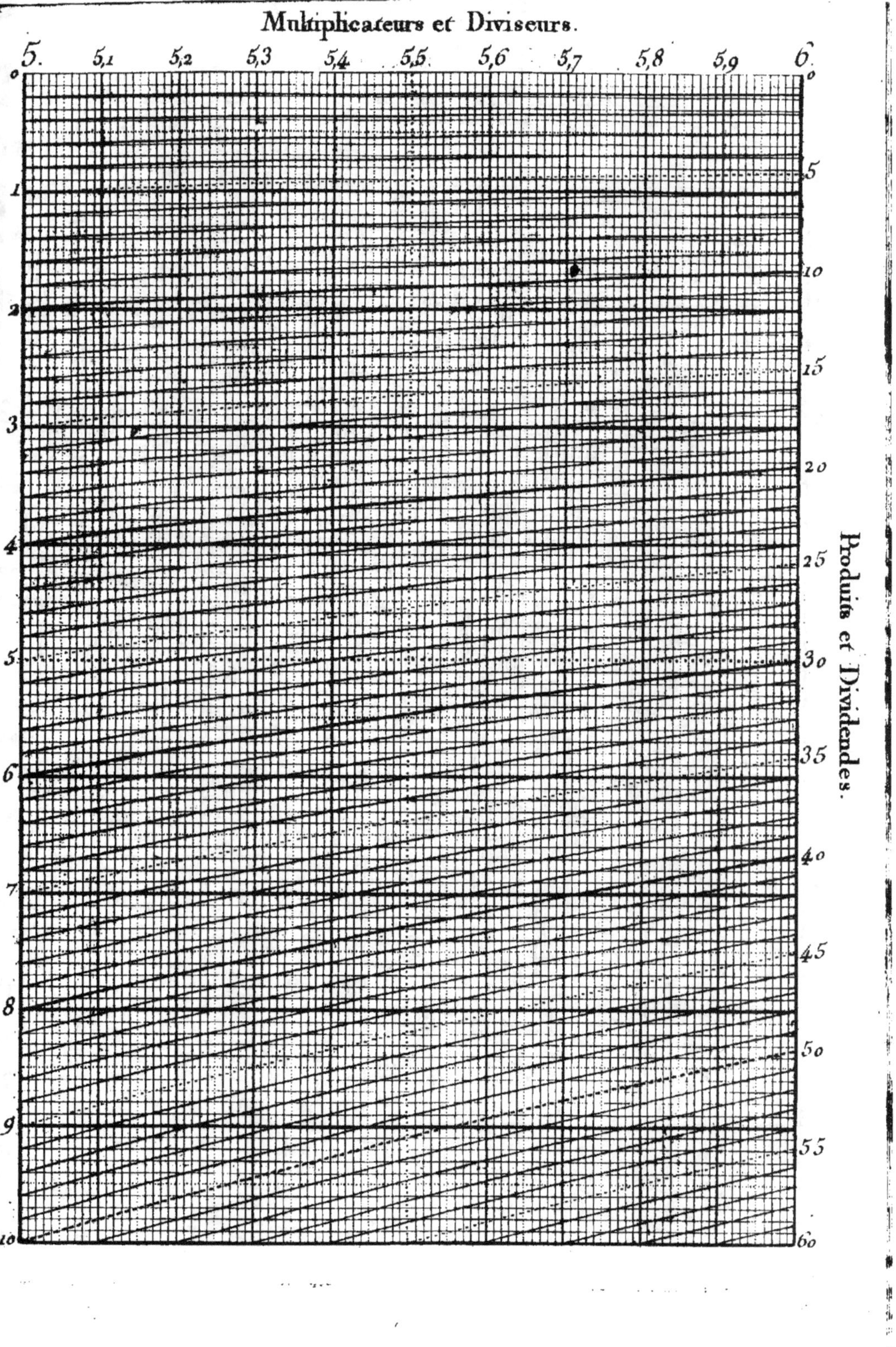

Multiplicateurs et Diviseurs.
5. 5,1 5,2 5,3 5,4 5,5 5,6 5,7 5,8 5,9 6.
Produits et Dividendes.
0
5
10
15
20
25
30
35
40
45
50
55
60
Multiplicateurs et Diviseurs.

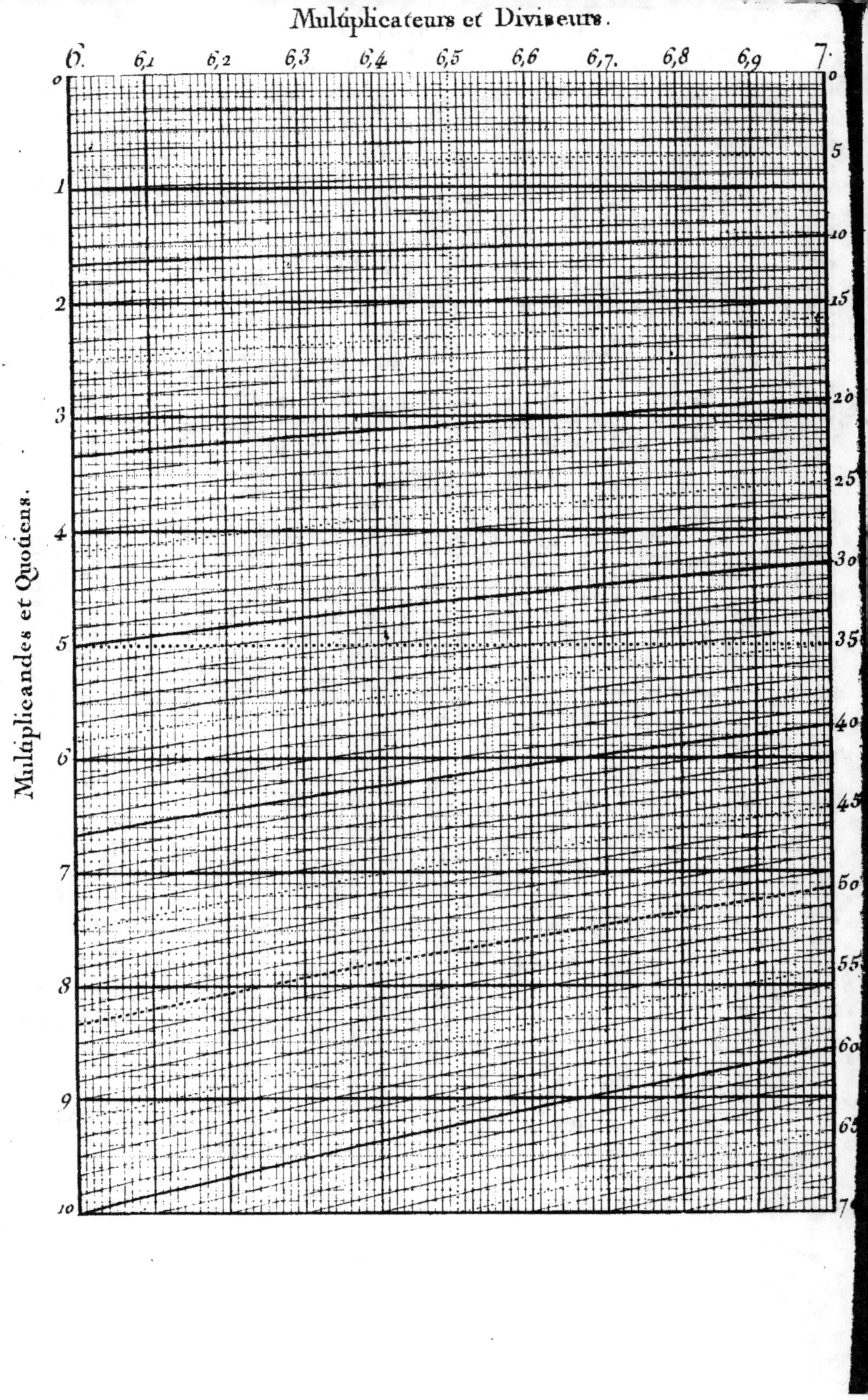

Multiplicateurs et Diviseurs.
6. 6,1 6,2 6,3 6,4 6,5 6,6 6,7 6,8 6,9 7.
Multiplicandes et Quotiens.
0 1 2 3 4 5 6 7 8 9 10
0 5 10 15 20 25 30 35 40 45 50 55 60 65 70

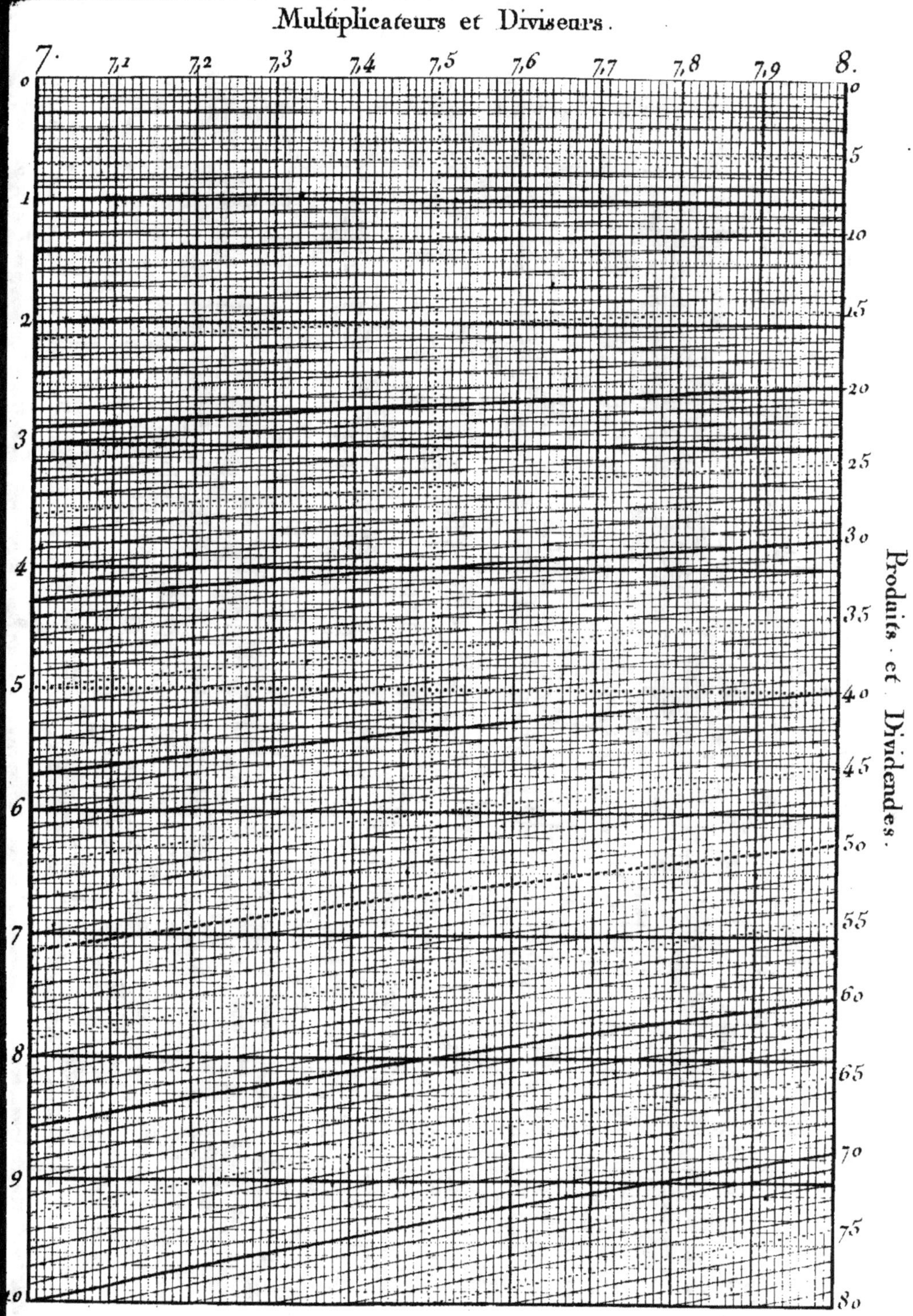

7.
7,1
7,2
7,3
7,4
7,5
7,6
7,7
7,8
7,9
8.
0
1
2
3
4
5
6
7
8
9
10
Produits et Dividendes.
0
5
10
15
20
25
30
35
40
45
50
55
60
65
70
75
80
Multiplicateurs et Diviseurs.

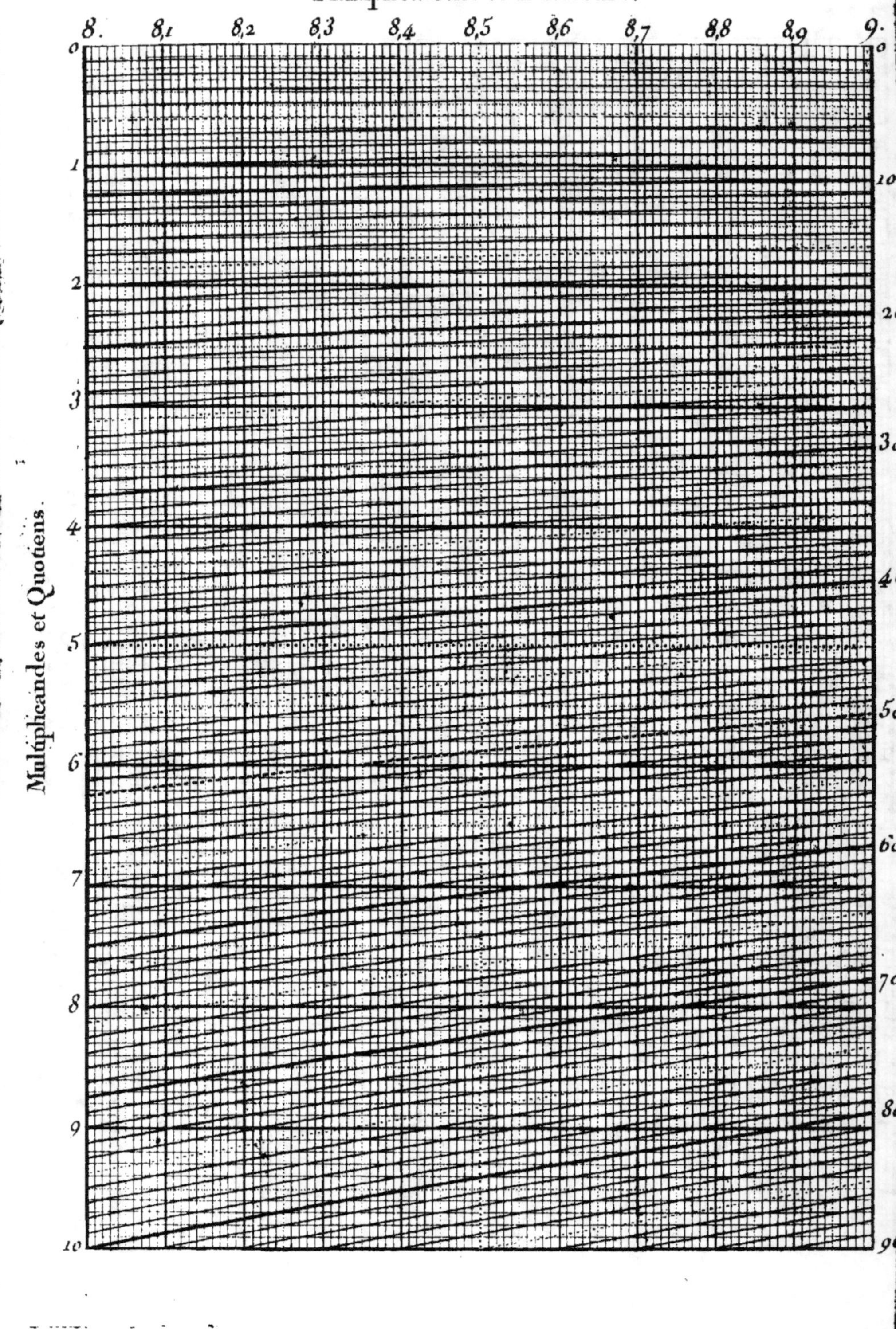

Multiplicateurs et Diviseurs.
8. 8,1 8,2 8,3 8,4 8,5 8,6 8,7 8,8 8,9 9.
Multiplicandes et Quotiens.
0
1
2
3
4
5
6
7
8
9
10
0
10
20
30
40
50
60
70
80
90

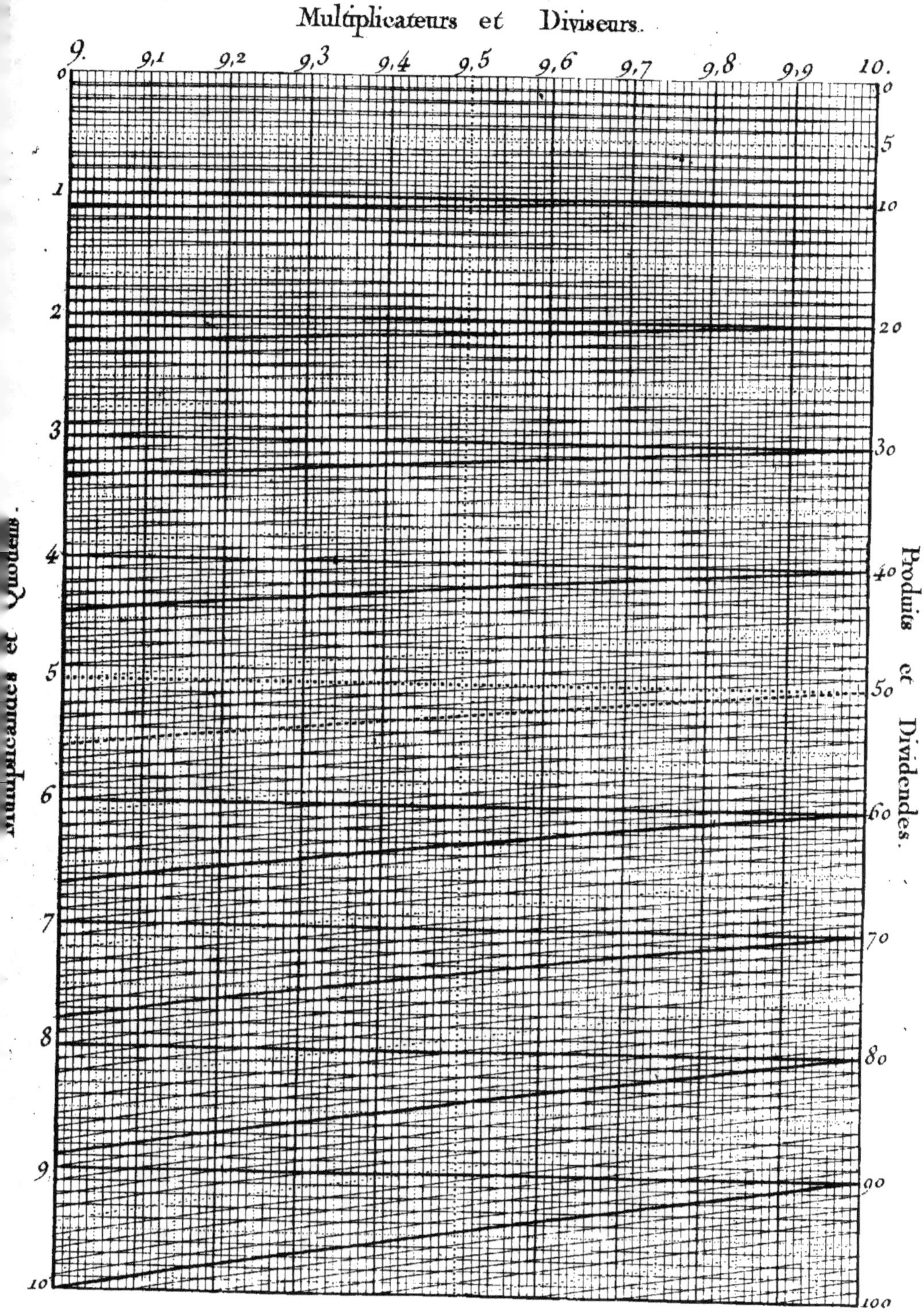

Multiplicateurs et Diviseurs.
9. 9,1 9,2 9,3 9,4 9,5 9,6 9,7 9,8 9,9 10.
0
Multiplicandes et Quotiens.
Produits et Dividendes.
0 5 10 20 30 40 50 60 70 80 90 100
1 2 3 4 5 6 7 8 9 10

TENUE DES PRINCIPALES FOIRES
DE L'EUROPE.

LE vendalifme révolutionnaire, incapable de faifir les avantages du nouveau régime, mais attentif à fabrer fans examen tout ce qui tenoit à l'ancien, appéfantit fa main deftructive fur la tenue des Foires & fur celle des Marchés : fon ignorance l'empêchoit de calculer les combinaifons politiques qui avoient déterminé les lieux & les époques de ces réunions de commerce ; chaque Adminiftration, obligée de fe conformer à ce fyftême, décida, comme fi une Foire ou un Marché eût été la propriété de fa localité, quoique, dans le fait, ils appartiennent plus à la République qui les conftituent, qu'aux Communes dans lefquelles ils fe tiennent. Il réfulta de cette déforganifation de grands inconvé-nients pour le commerce. On vit, par exemple, la Boucherie & la Poiffonnerie, qui, chacune de leur côté, avoient principalement leurs Marchés d'habitude, dans lefquels tout étoit arrangé pour les recevoir chacune fuivant leurs befoins, & où le concours des confommateurs étoit accoutumé de fe rendre ; on vit, dis-je, ces différentes branches de commerce errantes à l'aventure & au gré du nouveau Calendrier, fans trouver les localités appropriées à leurs convenances, & fans pouvoir rejoindre les confommateurs dont elles avoient befoin. On vit plufieurs Foires, au préjudice l'une de l'autre, tomber au même jour, & d'autres en des jours dont la folemnité en écartoit toute affaire. On vit des Marchands, qui, ayant déjà fait beaucoup de chemin pour aller tenir une foire, rencontroient des confreres mieux inftruits qui en revenoient. Mais fous un Gouvernement fage & éclairé, la tenue des Foires & Marchés a été à peu près rétablie dans l'ordre où elle étoit avant la révolution. Ainfi, je me conforme à l'ancien Calendrier, pour l'état que j'en donne ci-après.

Alcazar. . . . . . Le 8 Septembre.
Alexandrie *en Piém.* Le 24 Avril. Le 4 Octobre.

Angers. . . . . . . {Le lendemain de la Fête-Dieu , dure 8 jours.
{Le 11 Novembre, Foire S. Martin, dure 8 jours.

Bayonne. . . . . . Le 1er Mars , dure 15 jours. Le 1er Août , dure 15 j.
Beaucaire. . . . . Le 22 Juillet , dure 8 jours.
Bergame. . . . . Le 24 Août.
Bolbec. . . . . . Le 29 Septembre.

Bolzano. . . . . . {Foire de Quadragéfime , le premier jour après le
      Dimanche *Oculi* , dure 15 jours.
Idem *de Corpus Domini* , ou Fête-Dieu , le len-
      demain de cette fête , dure 15 jours.
Foire d'Egidio , dite Bartholome , 9 Septembre ,
      dure 15 jours.
Foire Saint André , le 1er Décembre , dure 15
      jours.

Bordeaux. . . . . {Le 1er Janvier. Le 1er Mars , dure 15 jours.
{Le 11 Octobre , dure 15 jours.

Bourges. . . . . Le 27 Décembre , dure 11 jours.
Brefcia. . . . . . Le 26 Août.

Breflaw. . . . . . {Le Dimanche de *Lætare* , dure 8 jours.
{Le lundi qui précede Notre-Dame de Septembre ,
      dure 8 jours.

Burgos. . . . . . Le 29 Juin.

Caen. . . . . . . Le deuxieme Lundi après Pâques , dure 15 jours.
Châlons-fur-Saone Le 25 Juin.
Clermont-Ferrand Le jeudi gras. Le 15 Mai. Le 15 Août. Le 11 Nov.
Compiegne. . . . Le 15 Mars , dure 15 jours.
Denis. (Saint) . . Le 11 Juin , dure 15 j. Le 10 Octobre , dure 8 j.
Dijon. . . . . . . Le 11 Novembre.

Domingo. (St.)
De la Calçada. {Le 20 Mars & le 19 Mai.

Ecija. . . . . . . Le 21 Septembre.

Fontenay. *Vendée.* {Le 1er Août , dure 8 jours.
{Et le 11 Octobre , 3 jours.

Francfort-f.-le-M.	{ Le Mardi de Pâques, dure trois femaines.
	Foire de la Vendange, le Dimanche vers le 10 Septembre, même durée.
Francfort-fur-Od.	{ Foire de *Reminifcere*, commence le lundi après ledit jour, dure 15 jours.
	Foire Sainte Marguerite, le lundi fuivant, en Juillet, dure 15 jours.
	Foire Saint-Martin, en Novembre, le premier lundi fuivant, idem.
Grenoble.	Le 22 Janvier, dure trois jours, le 15 Août, idem.
Guadalaxara. . . .	Le 14 Septembre.
Guadelape. . . .	Le 8 Septembre.
Guibray. . . .	{ Le 10 Août, pour les chevaux, dure 8 jours.
	Le 16 Août, pour les marchandifes, dure 15 jours.
	Le 15 Septembre, la petite Guibray, pour les chev.
Langres.	Le 13.° Février, 9 jours.
Léon.	Le 24 Juin. Le 1er Novembre.
Leipzig.	{ Le 1er Janvier, s'il n'eft pas au dimanche ; dure 15 jours.
	Le lundi, lendemain du Jubilé, trois femaines après Pâques, dure 15 jours.
	Foire de Saint-Michel, le 29 Septemb. dure 15 j.
Limoges.	Le 22 Mai, dure 8 jours.
Lyon.	{ Le 7 Janvier, le paiement des Rois commence le 1er Mars, & dure le mois.
	Le 3 Avril, dure 8 jours. Le paiement de Pâques commence le 1er Juin, dure le mois.
	Le 4 Août, dure 15 jours. Le paiement d'Août commence le 1er Septembre, dure le mois.
	Le 3 Novembre, dure 15 jours. Le paiement des Saints commence le 1er Décembre, dure le mois.
Madrid.	Le 21 Septembre.

Miranda de Ebro.   Le 1er Mars & le 1er Mai.

Montagnac. . . .   Le lundi de la Passion, dure 8 jours.

Murcie. . . . . .   Le 24 Août.

Nantes. . . . . .   { Le 3 Février, dure 15 jours.
{ Le 24 Mai, dure 15 jours.

Niort. . . . . .   Le 24 Février, dure 8 j. Le 6 Mai. Le 1er Décemb.

Novi. . . . . .   { Le 3 Février, foire de la Purification, dure 8 j.
Foire de Pâques, idem.
Foire d'Août, le 1er de ce mois, idem.
Foire de Touslaint, le 2 Novembre, idem.
   Ces Foires, presqu'entierement consacrées aux opérations de banque, alternent entre les villes de *Novi*, *Sestri del Levante*, *Sainte Marguerite* & *Rappallo*, trois petites villes de l'état de Gênes. On met cependant toujours dans les cours de change *Novi* ou *Bisezone*.

Orihuella. . . . .   Le 6 Août.

Palencia. . . . . .   Le 2 Septembre.

Pampelune. . . .   Le 29 Juin.

Paris. . . . . .   { Le 3 Février, foire Saint Germain, finit le dimanche de la Passion.
Le 24 Février, le Pardon Saint-Denis.
Le 25 Juillet, foire Saint-Laurent, jusqu'au 20 Septembre.
Le 10 Octobre, foire Saint-Denis, dure 8 jours.

Pézénas. . . . .   { Le premier lundi après le 22 janvier.
Le premier lundi après la Fête-Dieu.
Le premier lundi après le 15 Septembre.
Le premier Lundi après le 11 Novembre.

Reggio. . . . . .   Le 29 Août.

Rennes. . . . . .   Le 12 Février, jusqu'au premier Lundi de Carême.

Rheims. . . . .   { Le 7 Janvier, dure 8 jours. Le 15 Avril, dure 8 j.
{ Le 16 Juillet, 3 jours, & le 1er Octobre idem.

Rouen.	Foire de la Chandeleur, dure 15 jours. Le 2 Avril, pour les boiſſons, dure 15 jours. Foire du Pré, la veille de l'Aſcenſion. Foire de la Pentecôte, dure 15 jours. Foire St.-Gervais, le 19 Juin, pour les beſt. ſeulem. Le 1er Juillet, pour les boiſſons ſeulem. dure 9 j. Le 23 Octobre, foire Saint-Romain ou du Pardon, dure 6 jours. Le 12 Novembre, pour les boiſſons, dure 12 jours.
Salamanque. . . .	Le 8 Septembre.
Ségovie.	Le 24 Juin.
Sénégalia.	Le 14 Juillet.
Toulouſe. . . .	Le 8 Janvier, dure 15 jours. Le lundi après la Quaſimodo. Le 25 Juin, dure 8 jours. Le 25 Août. Le 1er. Septembre & le 30 Novembre.
Tours.	Le 10 Août, dure 8 jours.
Troyes.	Le deuxieme lundi de Carême. Le 25 Mars & le 1er Septembre.
Truxillo.	Le 22 Juin.
Valdemoros. . . .	Le 24 Octobre.
Valladolid. . . .	Le 29 Septembre.
Verſailles.	Le 24 Février.
Xerés de laFrontera.	Le 1er Mai.
Zurzach.	Le mardi de la Pentecôte, dure 8 jours. Foire de Veraneſe, comm. le 22 Août, finit le 30.

ÉVALUATIONS DES PIECES D'OR ÉTRANGERES
EN MONNOIE DE FRANCE,

Dans la proportion du marc d'or réduit à 4156 grains de matiere pure, pour 768 livres.

Nota. Si on veut favoir la quantité d'or pur qu'il y a dans chaque piece, foit en grains ou foit en grammes, il faudra, dans le premier cas, multiplier fa valeur par 5,41146 ; & dans le fecond, par 0,2872107, parce qu'il y a pour la valeur de chaque franc 5,41146 grains, ou 0,2872107 gramme d'or pur. Si, par exemple, on veut favoir combien il y en a dans une portugaife, on multipliera donc 91,291 par 5,41146 ; le produit fera 494 : par où on connoîtra qu'il y a 494 grains d'or pur dans une portugaife. Si on veut favoir auffi combien il y a de matiere pure dans une piece d'argent, il faut multiplier fa valeur par 83,852 pour avoir des grains au produit, & par 4,45051 pour y avoir des grammes. Et pour favoir le poids brut & le titre de chaque piece, on aura recours au Chapitre XI.

		₶	ſ	₰	francs.
ANGLETERRE.	Piece de 5 guinées, . . .	133	0	4	133,018
	Guinée, = 21 fchelings,	26	12	1	26,604
AUTRICHE.	Ducat de cremnitz, . . .	11	18	10	11,945
	Ducat impérial , ...	11	19	10	11,992
	Ducat royal de Bohême,	12	0	8	12,032
BASLE.	Ducat, ...	11	3	1	11,156
BAVIERE.	Max, ...	17	4	9	17,235
Voyez Munich.	Ducat, ...	11	5	2	11,256
	Carolin , ...	26	1	4	26,065
BRABANT.	Souverain de 1794, . . .	35	8	2	35,407
Voyez Bruxelles.	Souverain de 1749, . . .	35	14	8	35,733
	Charles, ...	20	12	3	20,612
	Ducat de Wurtemb. 1733,	26	10	2	26,510
BRUNSWICK. . . .	Ducat de poids 1735, . .	25	11	3	25,562
	Autre ducat, ...	11	14	2	11,710
	Carolin , ...	25	11	3	25,562

		℔	ſ	λ	francs.
COLOGNE.	Ducat , ...	11	17		11,850
DANNEMARCK. . .	Ducat de Chriſtian VII. .	11	16		11,800
ESPAGNE. . . . . . *Voyez* Madrid.	Doublon de 8 , = 320 réa.	86	1		86,052
	Quadruple du Pérou , *id.*	84	8	1	84,404
	Double piſtole, = 160 réa.	42	13	10	42,694
	Doublon , = 80 dito , .	20	18	8	20,933
	Petit écu ou coronille , .	5	11	4	5,566
FRANCFORT. . . .	Ducat , ...	11	19	9	11,986
GALL. (Saint) . .	Ducat double , ...	22	18	3	22,912
GÊNES.	Sequin , ...	11	19	1	11,954
GENÈVE.	Piſtole, ...	18	0	10	18,041
HAMBOURG. . . .	Ducat , ...	11	13	11	11,695
HANOVRE.	Ducat de George I , . .	11	19	10	11,991
	Ducat de George II , . .	11	11	6	11,576
	Florin double , ...	17	12	4	17,613
HOLLANDE.	Ducat , ...	11	15	2	11,760
	Ruider , ...	31	13	6	31,677
LIEGE.	Florin d'or , ...	9	8	6	9,425
LUBECK.	Ducat , ...	11	17	3	11,862
LUCERNE.	Ducat , ...	11	15	2	11,760
LUCQUES.	Doppia , ...	18	5	11	18,297
MILAN.	Piſtole, ...	20	12	10	20,644
MODÈNE.	Piece de 4 piſtoles , . . .	79	17	4	79,866
MALTE.	Louis du Grand-Maître ,	24	12	2	24,607
NAPLES.	Once, 1754, 6 ducats ,	26	17	7	26,880
	Piece de 4 ducats , . . .	18	16		18,800
NUREMBERG. . . .	Florin , ...	8	15	1	8,755
	Ducat , ...	11	17	10	11,893
PALERME.	Once , ...	13	7	7	13,378
PARME.	Piſtole , ...	21	1	11	21,096
PIÉMONT. . . . . . *Voyez* Turin.	Piſtole neuve de 24 liv. .	30	6	3	30,310
	Séquin à l'Annonciade ,	11	17	8	11,885
PLAISANCE.	Doppia , ...	12	17	6	12,875
POLOGNE.	Ducat , ...	11	14		11,700

		₶	s	d	francs.
PORTUGAL.	Portugaife , 12800 rès. .	91	5	10	91,291
	Creufade vieille , 480 rès.	3	8	8	3,434
	Creufade neuve, 400 rès.	2	17	3	2,861
PRUSSE. , ...	Ducat , ...	11	17	8	11,882
Voyez Berlin.	Piftole ou Frédéric , . . .	21	2	1	21,103
	Séquin & ducat du Pape,	11	12	10	11,642
ROME.	Double féquin , 1748 , .	22	8	5	22,420
	Autre idem , ...	23	11	9	23,590
	Quatrin , ...	2	17		2,849
RUSSIE.	Piece de 2 roubles , . . .	10	0	10	10,044
	Ducat, 1738 , ...	11	12	9	11,635
Voyez Pétersbourg.	Ducat de Pierre I. , . .	11	5	2	11,257
SAXE.	Augufte double , ...	41	10	11	41,548
Voyez Drefde.	Ducat de Saxe , ...	11	15	2	11,761
SUEDE.	Ducat , ...	11	15	2	11,760
TOSCANE.	Piece de 3 féquins , . .	36	3	3	36,164
Voyez Florence.	Séquin , ...	12	2	10	12,142
	Séquin foudroukly, . . .	11	10	4	11,513
	Séquin zérémaboub , . .	7	6		7,300
	Piece de 3 féq. foudroukly	35	13	4	35,665
	Séquin ftamboub , . . .	11	2	8	11,134
TURQUIE. , ...	Séquin zingerli , ...	9	0	2	9,009
V. Conftantinople.	Séquin anc. zeremaboub ,	8	17		8,850
	Séquin anc. foudroukly ,	109	2		109,100
	Séquin neuf zeremaboub,	81	12	5	81,620
	Séquin tiffis , ...	11	16	9	11,837
	Séquin touvaly , ...	8	2	8	8,132
VENISE.	Sequin , ...	12	1	2	12,060
UNDERWAL.	Ducat , ...	10	16	10	10,840
URY.	Ducat , ...	11	15	3	11,760
ZUG, ...	Quart de ducat , ...	2	18	1	2,906
ZURICH.	Ducat , ...	11	17	8	11,885
	Double ducat , ...	23	9	3	23,461

Des Liquides.

Je termine cet Ouvrage par un article qui auroit dû faire partie de mon Chapitre VIII, mais que j'ai retardé, parce que je savois qu'à l'occasion d'un Mémoire que le citoyen *B. Pluvinet* avoit présenté à la société d'Emulation, il y avoit une Commission de cette Société qui s'occupoit de perfectionner l'aréomètre, & que je croyois faire une chose utile en rendant compte de son travail, qui est analogue au sujet que je traite.

On sait que , pour connoître la quantité de sels qui se trouvent dans une eau saline , ou la quantité d'esprits qui se trouvent dans une liqueur spiritueuse, on se sert d'un instrument appellé aréomètre ou pese-liqueur. L'aréomètre étant mis dans l'eau saline, y surnage, d'autant plus qu'elle contient de sels. S'il marque 15 , par exemple, il indique 15 livres de sels sur 100 livres d'eau, pure. Pour qu'un aréomètre fût parfait , il faudroit que tous les degrés de sa division eussent la même propriété, mais ils ne sont justes qu'à 15 ; & quant aux autres degrés, ils sont tous défectueux, à cause de l'égalité qu'ils conservent entr'eux.

L'aréomètre pour les liqueurs spiritueuses, au contraire, s'y enfonce d'autant plus qu'elles contiennent d'esprits. S'il marque 22 dans l'eau-de-vie, par exemple , il marque le degré de rectification ordinaire des eaux-de-vies du commerce. S'il marque 24, il indique un plus haut degré de rectification, & par conséquent une plus grande quantité d'esprits sur un poids ou une mesure quelconque; mais il n'indique pas dans quel rapport ; il n'indique pas non plus dans quelle proportion sont les esprits sur une quantité quelconque d'eau-de-vie.

Le citoyen *A. Ricard*, membre de la Commission de la Société d'Emulation , & qui lui a aussi soumis ses idées sur les moyens de perfectionner les aréomètres, vient d'en graduer qui indiquent, en centiemes , les parties d'alcool ou esprit-de-vin dans une eau-de-vie quelconque. Si l'aréomètre, par exemple, marque 45 degrés de sa graduation , on connoît que, dans une piece de 100 pintes d'eau-de-vie, il y a 45 pintes d'esprit-de-vin.

Il seroit à desirer que les constructeurs de ces sortes d'instruments connussent & adoptassent la méthode du citoyen *Ricard* ; parce que ces aréomètres ayant les propriétés qu'il leur attribue, seroient très-utiles au commerce, puisqu'ils lui fourniroient les moyens d'apprécier, avec une exactitude rigoureuse, plusieurs genres de marchandises sur lesquels on n'a pas encore cette faculté. Si l'eau-de-vie, par exemple, à 45 degrés de sa graduation, valoit 72 francs le baril, on sauroit que, dans la même proportion, celle de 48 degrés vaudroit 76,8 francs, parce que 72 est à 76,8 comme 45 est à 48. Cette méthode d'apprécier les eaux-de-vie, offriroit encore un moyen sûr d'en régler le prix & en faciliteroit le commerce, parce qu'il n'y auroit de variation qu'en raison du renchérissement ou de la baisse du prix général de la denrée ; c'est-à-dire, que toutes les qualités d'un même liquide pourroient être vendues au même prix, sauf à le multiplier par le nombre des degrés de celle dont il pourroit être question. Je suppose que, dans ce cas, on vende les eaux-de-vie au kilolitre, & que l'on convienne de prix à 25 francs le degré, ce sera 1000 francs celle de 40 degrés, 1200 celle de 48, &c. En admettant ce principe, on pourroit aussi indiquer le cours avec la plus grande précision, & ce nouvel aréomètre leve toutes les difficultés que l'on auroit pu trouver à adopter la proposition qui a souvent été faite au fisc, de n'imposer l'eau-de-vie que dans la proportion de l'esprit-de-vin qu'elle contient.

Paris, le 22 Frimaire, an IIIe de la République.

LA COMMISSION TEMPORAIRE DES POIDS ET MESURES RÉPUBLICAINS,

Aux Citoyens L. E. POUCHET & J. C. JACQUES le jeune, à Rouen.

LA Commission a parcouru avec beaucoup d'intérêt votre travail sur les Poids, Mesures & Monnoies républicains. La maniere simple que vous avez employée, par des échelles qui ont des rapports directs entr'elles pour la comparaison d'un Poids-Mesure & Monnoie avec un autre, rend votre Ouvrage de la plus grande utilité. Vous avez, par vos soins, contribué à remplir les vues de la Commission, & partagé avec elle la tâche qui lui a été confiée : elle rend témoignage à votre zèle, & le Commerce, n'en doutez pas, vous saura gré des moyens que vous lui fournissez d'opérer avec facilité & promptitude.

Signés, LAGRANGE, *&* HAUY, Secrétaire.

Extrait du rapport fait au Bureau de Consultation des Arts & Métiers, le 9 Floréal de l'an troisieme de la République, par les citoyens COULOMB *&* LAPLACE, *sur un Ouvrage du citoyen* LOUIS-E. POUCHET, *sur les nouveaux Poids & Mesures de la République Française.*

D'après le compte que nous venons de vous rendre, il nous paroît que le citoyen *Pouchet*, en imaginant & faisant graver les différentes échelles proportionnelles, qui représentent les Poids, Mesures & Monnoies des différentes villes d'Europe, & qui forment 141 échelles, a fait un Ouvrage très-utile, & dont l'usage va être adopté, puisque dans le Décret pour les Poids & Mesures, du 18 Germinal dernier, il est dit, au XIXe Article, qu'au lieu des Tables de rapport entre les anciennes & les nouvelles Mesures, ordonnées par le Décret du 8 Mai 1790, il sera fait des Echelles graphiques pour estimer les rapports sans avoir besoin de calcul.

Fait au Bureau de Consultation des Arts & Métiers, le 9 Floréal, l'an troisieme de la République Française, une & indivisible.

Signés, COULOMB *&* LAPLACE.

Pour copie conforme à l'original. Signé, SILVESTRE, Secrétaire.

Extrait du regiſtre des Procès - verbaux du Bureau de Conſultation des Arts & Métiers.

Du 9 Floréal , l'an troiſieme de la République Françaiſe, une & indiviſible.

Le Bureau de Conſultation des Arts & Métiers, après avoir entendu le rapport de ſes Commiſſaires, tendant à faire aſſigner au citoyen *Pouchet* une récompenſe Nationale ; conſidérant que les différentes Echelles proportionnelles qu'il a fait graver pour comparer les anciennes Meſures & celles des principales villes de Commerce de différents pays avec les nouvelles Meſures de la République Françaiſe, ſimplifient & facilitent les opérations de Commerce dans la plupart des détails uſuels qui n'exigent pas une grande préciſion ; conſidérant qu'elles ſont preſcrites par l'Article XIX du Décret du 18 Germinal dernier , ſur les Poids & Meſures ; conſidérant que les différents exemples donnés par ce citoyen dans ſon Ouvrage, préſentent une quantité d'applications utiles ; conſidérant enfin qu'un Décret poſtérieur à l'impreſſion de l'Ouvrage du citoyen *Pouchet*, qui a changé le nom de pluſieurs Meſures , & déplacé dans la ſérie des Diviſions celle qui déſignoit l'unité , rend onéreuſe pour lui la première édition de ſon Ouvrage , eſt d'avis, conformément à la Loi du 12 Septembre 1791 , de lui accorder le *maximum* de la ſeconde claſſe des récompenſes Nationales, c'eſt-à-dire , trois mille livres.

Paris , le 24 Prairial , l'an troiſieme de la République Françaiſe, une & indiviſible.

Signés , BORDA, *Préſident*, & HALLÉ, *Secrétaire.*

Pour copie conforme à l'original. Signé , *SILVESTRE* , Secrétaire.

ABRÉVIATIONS.

=	égal, autant que.
a. de P. .	aune de Paris.
arg. . . .	argent.
arp. l. . .	arpent légal.
art. de cor.	Article de correspondance.
c.	Cube. cubique. courant.
diam. . .	diamètre.
den. . . .	Denier.
den. de gr.	denier de gros.
fb. foib. .	foible.
gram. . .	gramme.
hectar. . .	hectare.
h. b. . . .	hors banco.
hectol. . .	hectolitre.
kilog. . .	kilogramme.
kilom. . .	kilomètre.
larg. . . .	largeur.
l. liv. . .	livre.
l. p. m. .	livre poids de marc.
millim. . .	millime.
mèt. . . .	mètre.
p. cub. . .	pied cube.
piaft. . . .	piaftre.
p. de P. . .	pinte de Paris.
p. de r. . .	pied de roi.
perc. l. . .	perche légale.
q.	quarré.
rea. . . .	real.
rix.	rixdale.
f.	fol.
f. de P. . .	fetier de Paris.
ft. fterl. .	fterling.
t. cube. .	toife cube.
t. fup. . .	toife fuperficielle.
t. de m. .	tonneau de mer.
t. j. n. . .	tonneau pour la jauge des navires.
t. p. n. . .	tonneau du port des navires.
vér. . . .	vérifié.

ERRATA.

Pages.	lignes.		lifez
iij	11	contenant	comprenant.
18	29	1728	20726.
37	26	mêm	mètre.
72	14	baffin	un baffin.
	10	1768	1788.
76	3	&	eft
79	25	fus	en fus
85	12	1,4,527	1,5,465.
87	26 & 27	10 liv. 10 f. 1 d.	101 liv. 1 f. 10 d.
95	19	1218,850	1232,600
97	35 & 36 , & page 98, *ligne* 1, ajoutez Anjou.		
99	35	0,267	10,267
	36	20,905 l. 10,113 k.	19,759 l. 9,374 k.
100	1	8,094 p. d. p. & 7,700 lit.	4,048 p. d. p. & 3,848 lit.

Pages.	lignes.		lisez
101	2	0,406	0506.
173	32	64	164.
102	18	0,519	0,619.
112	18	ares	stères.
	28	42 g.	51 g.
	25 & 30	$\frac{22}{32}$	$\frac{22}{32}$.
114	9	liv.	rotoli.

Ajoutez rubb , 25 liv. grand poids , 16,225 l. p. m. 79,500 kilogr.

16   14 l. 4 f. 2 d. & 14,208   11 l. 19 f. 1 d. & 11,954.

| 115 | 35 | 4 gr. | 14 gr. |

Ajoutez daler , . . 3 l. 1 f.   3,050 francs.

| 119 | 18 | 0,709 | 0,740. |

Comme l'article d'Efpagne , rédigé d'après l'autorité que j'ai citée, qui donne à la capacité du quartillo 38 $\frac{2}{3}$ pouces cubes, ou le poids de 17 onces d'eau de pluie, pourroit laiffer des doutes ; je rétablis ici, d'après le citoyen *Pauĉlon*, les fujets fur lefquels je differe d'avec lui, non pas comme rectification , mais pour les foumettre au jugement de ceux qui pourront fe procurer les mefures effectives.

Pied , ...	0,859 p. de r.	0,279 mètre.
Vare , = 2,576 pieds de roi, . . .	0,704 a. de P.	0,836 idem.
Fanéga , = 4900 vares quarrées , .	0,6720 arp. l.	0,3430 hectar.
Arrobe, = 8 azum. = 32 qu. p. le vin.	16,79 p. de P.	15,966 litres.
Pipe , = 28 arrobes , ...	503,6 idem.	47,899 idem.
Botte , = 30 arrobes , ...	470 idem.	44,695 idem.
Arroba menor, = 4 quater. p^r l'huile.	13,06 idem.	12,420 idem.
Fanéga, = 12 célém. = 4,495 b. de P.	0,375 f. de P.	0,570 hecto.
Livre , = 2 marcs, = 16 onc. = $\frac{1}{100}$ q.	0,939 l. p. m.	0,459 kilog.

122	33	Journal de pré , *lisez* MAINE. Journal , &c.	
123	5	0,952 & 11,28	. 0,572 & 0,680.
125	33	1 once	2 onces.
134	10	2,403	2,430.
135	17	1,147 & 10,91	1,170 & 1,119.
138	15	1,292 & 1,968	0,675 & 1,027.
152	29	les horifontales	des horifontales.

TABLE
DES CHAPITRES
ET DES PROPOSITIONS CONTENUS EN CE VOLUME.

Discours préliminaire. — *j*

CHAPITRE Ier. *Des parties Décimales.* — I

Multiplications & Divisions décimales avec la virgule ou des zéros. — 2

De l'Addition. — 5

De la Souſtraction. — 6

De la Multiplication. — Ibid.

De la Diviſion. — Ibid.

Réduction des fractions ordinaires en fractions décimales. — 7

CHAPITRE II. *Notions ſur les Meſures en général.* — 11

CHAPITRE III. *Baſes du nouveau Syſtéme Métrique de France.* — 12

Progreſſions des Meſures nouvelles. — 13

Rapports des nouvelles Meſures aux anciennes. — 20

Rapports des anciennes Meſures aux nouvelles. — 21

CHAPITRE IV. *Meſures de longueur.* — 22

CHAPITRE V. *Meſures de ſuperficies.* — 24

Quarrés. — 26

Hexagones. — 27

Cercles. — 28

Rectangles, dont la longueur eſt deux fois la largeur. — 29

Idem, une fois & demie la largeur. — 30

Idem, diviſibles en deux moitiés ſemblables au premier. — 31

Des Planches. — 32

Du Pavé. — 33

De la Tuile. — Ibid.

De l'Ardoiſe. — 34

Du Fer-blanc. — Ibid.

Des Papiers. — 34 & 75

Are.   35
Hectare.   Ibid.
Myriare.   Ibid.
Myriamètre quarré.   36
Degré quarré.   Ibid.
Division géométrique de la France , d'après la Carte de MM. Caffini & Maraldi.   Ibid.
CHAPITRE VI. *Des Mesures de solidité & de capacité.*   37
Jauge.   Ibid.
Port des Navires.   Ibid.
Stère & sa division.   38
Du Litre.   39
Du Décalitre.   Ibid.
De l'Hectolitre.   Ibid.
Du Kilolitre.   Ibid.
Dimensions des Mesures de capacité.   40
Mesures cubiques.   44
Prismes quadrangulaires fermés.   45 à 47
Malles.   48
Bahuts.   49
Sphères.   50
Barils & Futailles.   51
Cylindres.   52 à 54
Cuvettes , Baquets & Cuviers.   55
Instruction sur la coupe des Mesures de capacité.   56
CHAPITRE VII. *Des Poids.*   57
Le Tonneau de mer.   Ibid.
Le Kilogramme.   58
Le Gramme.   Ibid.
De la Fabrication des Poids.   Ibid.
Rapports entre les nouveaux Poids & les anciens.   59
Dimensions des Poids formant la division du kilogramme en cônes tronqués.   60
CHAPITRE VIII. *Du Mesurage mixte.*   61
Des Liquides.   183
Des Métaux.   61

Exemples sur les propriétés des Tables des métaux, fils & laminés. 65

Table des dimensions & du poids des fils de métaux, laquelle indique les dimensions & les pesanteurs des corps cylindriques. 67

Table des Métaux laminés & leurs pesanteurs relatives à leur épaisseur & à leur superficie. 68

Des Grains. 69

Pesanteurs spécifiques des Grains. 70

De la Romaine ou Poids-Mesure. 71

Parties aliquotes du kilogramme. 72

Des Fils de lin, de coton, &c. 73

Gravités spécifiques de différentes matieres, extraites de la Mécanique du citoyen Bossut. 76

CHAPITRE IX. *Des Monnoies.* 79

Table pour convertir les sols & deniers en fractions décimales. 82

Table pour convertir les fractions décimales en sols & deniers. 83

Valeur des pieces d'or étrangeres en monnoie de France. 180

CHAPITRE X. *Des Changes.* 84

Prix de l'Or comparé à celui de l'Argent. 85

Pair des Changes des Monnoies. 89

CHAPITRE XI. *Des rapports des Poids, Mesures & Monnoies.* 92

Explication essentielle sur les Mesures d'Espagne. 188

CHAPITRE XII. *De l'Arithmétique linéaire.* 146

De l'Addition. 147

De la Soustraction. 149

De la Multiplication. 150

De la Division. 152

De l'application du Calcul linéaire aux problémes qui déterminent les rapports qu'il y a entre différents Poids, Mesures & Monnoies. 154

Des rapports des Quantités ou Valeurs. Ibid.

Des rapports des Prix de différents Poids & Mesures. 156

Prix des nouvelles Mesures de France, & de celles de Paris, dans la proportion de ceux des autres Mesures de France. 157

Prix des Mesures actuelles de France, dans la proportion de ceux des Mesures de Paris ou des nouvelles Mesures. Ibid.

Prix des Mesures de France & autres pays, sans qu'il y ait lieu à aucun change de monnoie. 158

Prix des Mesures de Paris ou des nouvelles Mesures de France, dans le rapport de ceux des Mesures étrangeres. 159

Prix des Mesures étrangeres, dans la proportion de ceux des Mesures de Paris ou des nouvelles Mesures de France. 160

Prix d'une Mesure de France, autre que les nouvelles & celles de Paris, dans la proportion de celui des mesures étrangeres. 161

Prix des Mesures étrangeres, dans la proportion de ceux des Mesures de France autres que les nouvelles & celles de Paris. 162

Prix des Mesures de différentes nations, rendues chacune dans leurs monnoies respectives. 163

Rapports du Poids avec la Mesure. 164

Pour savoir la pesanteur du contenu d'une Mesure. Ibid.

Pour savoir la mesure d'un Poids quelconque. 165

Prix des Mesures, dans la proportion de ceux des Poids. Ibid.

Rapport des Longueurs aux Quarrés. 166

De la Racine quarrée des nombres. 167

Transformation des Fractions décimales en autres Fractions. Ibid.

Des Changes. 168

Des Intéréts & Escomptes. 169

Sur l'Echelle ou Tableau de réduction de la valeur nominale des Assignats en valeur métallique. 171

Tenue des principales Foires de l'Europe. 175

Fin de la Table.